天工巧匠

草原回响：马头琴制作技艺

曹艺 著

"十三五"国家重点图书出版规划项目

中华传统工艺集成

冯立昇 董杰 主编

山东教育出版社
·济南·

图书在版编目（CIP）数据

草原回响 ：马头琴制作技艺 / 曹艺著 . -- 济南 ：
山东教育出版社，2024.9
（天工巧匠 ：中华传统工艺集成 / 冯立昇，董杰主
编）
ISBN 978-7-5701-2858-7

Ⅰ. ①草… Ⅱ. ①曹… Ⅲ. ①马头琴－乐器制造－民
间工艺－介绍－中国 Ⅳ. ①TS953.23

中国国家版本馆CIP数据核字（2024）第010852号

TIANGONG QIAOJIANG——ZHONGHUA CHUANTONG GONGYI JICHENG

天工巧匠——中华传统工艺集成 冯立昇 董杰 主编

CAOYUAN HUIXIANG: MATOUQIN ZHIZUO JIYI

草原回响：马头琴制作技艺 曹艺 著

主管单位：山东出版传媒股份有限公司
出版发行：山东教育出版社
地 址：济南市市中区二环南路 2066 号 4 区 1 号 邮编：250003
电 话：0531-82092660 网址：www.sjs.com.cn
印 刷：山东黄氏印务有限公司
版 次：2024 年 9 月第 1 版
印 次：2024 年 9 月第 1 次印刷
开 本：710 毫米 ×1000 毫米 1/16
印 张：8.75
字 数：133 千
定 价：58.00 元

作者简介

　　曹艺，内蒙古民族文化产业研究院副院长，内蒙古师范大学科学技术史研究院博士生，主要从事科技遗产与数字人文研究。主持、参与"声学史视域下中国弓弦乐器史料研究""各民族共有精神家园的文化繁荣自信研究""国家文化数字化战略背景下内蒙古非物质文化遗产创新性发展研究"等项目；撰写《内蒙古自治区传统工艺保护传承振兴发展战略研究》被中共内蒙古自治区委员会宣传部采用；作为项目负责人，带领"天工巧匠——北部边疆非遗传承人知识赋能平台"团队获第七届中国国际"互联网+"大学生创新创业大赛铜奖、"天工巧匠——传统工艺数字化解决方案引领者"团队获第八届中国国际"互联网+"大学生创新创业大赛铜奖。

中华文明是世界上历史悠久且未曾中断的文明，这是中华民族能够屹立于世界民族之林且能够坚定文化自信的前提。中国是传统技艺大国，源远流长的传统工艺有着丰富的科技和人文内涵。古代的人工制品和物质文化遗产大多出自能工巧匠之手，是传统工艺的产物。中国工匠文化的传承发展，形成了独特的工匠精神，在中国历史长河中延绵不绝。可以说，中华传统工艺在赓续中华文脉和维护民族精神特质方面发挥了重要的作用。

传统工艺主要指手工业生产实践中蕴含的技术、工艺或技能，各种传统工艺与社会生产、人们的日常生活密切相关，并由群体或个体世代传承和发展。传统工艺的历史文化价值是不言而喻的。即使在当今社会和日常生活中，传统工艺仍被广泛应用，为民众所喜闻乐见，具有重要的现代价值，对维系中国的文化命脉和保存民族特质产生了不可替代的作用。

近几十年来，随着工业化和城镇化进程的不断加快，特别是受到经济全球化的影响，传统工艺及其文化受到了极大的冲击，其传承发展面临着严峻的挑战。而传统工艺一旦失传，往往会造成难以挽回的文化损失。因此，保护传承和振兴发展中华传统工艺是我们义不容辞的责任。

传统工艺是非物质文化遗产的重要组成部分。2003 年 10 月，联合国教科文组织通过《保护非物质文化遗产公约》，其中界定的"非物质文化遗产"中包括传统手工技艺。2004 年，中国加入《保护非物质文化遗产公约》，传统工艺也成为我国非遗保护工作的一大要项。此后十多年，我国在政策方面，对传统工艺以抢救、保护为主。不让这些珍贵的文化遗产在工业化浪潮和城乡变迁中湮没失传非常重要。但从文化自觉和文明传承的高度看，仅仅开展保护工作是不够的，还应当重视传统工艺的振兴与发展。只有通过在实践中创新发展，传统工艺的延续、弘扬才能真正实现。

2015 年，党的十八届五中全会决议提出"构建中华优秀传统文化传承体系，加强文化遗产保护，振兴传统工艺"的决策。2017 年 2 月，中共中央办公厅、国务院办公厅印发了《关于实施中华优秀传统文化传承发展工程的意见》，明确提出了七大任务，其中的第三项是"保护传承文化遗产"，包括"实施传统工艺振兴计划"。2017 年 3 月，国务院办公厅转发了文化部、工业和信息化部、财政部《中国传统工艺振兴计划》。这些重大决策和部署，彰显了国家层面对传统工艺振兴的重视。

《中国传统工艺振兴计划》的出台为传统工艺的发展带来了新的契机，近年来各级政府部门对传统工艺的保护和振兴更加重视，加大了支持力度，社会各界对传统工艺的关注明显上升。在此背景下，由内蒙古师范大学科学技术史研究院和中国科学技术史学会传统工艺研究会共同策划和组织了《天工巧匠——中华传统工艺集成》丛书的编撰工作，并得到了山东教育出版社和社会各界的大力支持，该丛书也先后被列为"十三五"国家重点图书出版规划项目和国家出版基金资助项目。

传统手工技艺具有鲜明的地域性，自然环境、人文环境、技术环境和习俗传统的不同，以及各民族长期以来交往交流交融，对传统工艺的形成和发展影响极大。不同地域和民族的传统工艺，其内容的丰富性和多样性，往往超出我们的想象。如何传承和发展富有地域特色的珍贵传统工艺，是振兴传统工艺的重要课题。长期以来，学界从行业、学科领域等多个角度开展传统工艺研究，取得了丰硕的成果，但目前对地域性和专题性的调查研究还相对薄弱，亟待加强。《天工巧匠——中华传统工艺集成》丛书旨在促进地域性和专题性的传统工艺调查研究的开展，进一步阐释其文化多样性和科技与文化的价值内涵。

《天工巧匠——中华传统工艺集成》首批出版 13 册，精选鄂温克族桦树皮制作技艺、赫哲族鱼皮制作技艺、回族雕刻技艺、蒙古族奶食制作技艺、内蒙古传统壁画制作技艺、蒙古族弓箭制作技艺、蒙古族马鞍制作技艺、蒙古族传统擀毡技艺、蒙古包营造技艺、北方传统油脂制作技艺、乌拉特银器制作技艺、勒勒车制作技艺、马头琴制作技艺等 13 项各民族代表性传统工艺，涉及我国民众的衣、食、住、行、用等各个领域，以图文并茂的方式展现每种工艺的历史脉络、文化内涵、工艺流程、特征价值等，深入探讨各项工艺的保护、传承与振兴路径及其在文旅融合、产业扶贫等方面的重要意义。需要说明的是，在一些书名中，我们将传统技艺与相应的少数民族名称相结合，并不意味着该项技艺是这个少数民族所独创或独有。我们知道，数千年来，中华大地上的各个民族都在交往交流交融中共同创造和运用着各种生产方式、生产工具和生产技术，形成了水乳交融的生活习俗，即便是具有鲜明民族特色的文化风情，也处处蕴含着中华民族共创共享的文化基因。因此，任何一门传统工艺都绝非某个民族所独创或独有，而是各民族的先辈们集体智慧的结晶。之所以有些传统工艺前要加上某个民族的名称，是想告诉人们，在该项技艺创造和传承的漫长历程中，该民族发挥了突出的作用，作出了重要的贡献。在每本著作的行文中，我们也能看到，作者都是在中华民族的大视域下来探讨某项传统工艺，而这些传统工艺也成为当地铸牢中华民族共同体意识的文化基石。

本套丛书重点关注了三个方面的内容：一是守护好各民族共有的精神家园，梳理代表性传统工艺的传承现状、基本特征和振兴方略，彰显民族文化自信。二是客观论述各民族在工艺文化方面的交往交流交融的事实，展现各民族在传统工艺传承、创新和发展方面的贡献。三是阐述传统工艺的现实意义和当代价值，探索传统工艺的数字化保护方法，对新时代民族传统工艺传承和振兴提出建设性意见。

中华文化博大精深，具有历史价值、文化价值、艺术价值、科技价值和现代价值的中华传统工艺项目也数不胜数。因此，我们所编撰的这套丛书并不仅限于首批出版的 13 册，后续还将在全国遴选保护完好、传承有序和振兴发展成效显著的传统工艺项目，并聘请行业内的资深学者撰写高质量著作，不断充实和完善《天工巧匠——中华传统工艺集成》，使其成为一套文化自信、底蕴厚重的珍品丛书，为促进传统工艺振兴发展和推进传统工艺学术研究尽绵薄之力。

冯立昇

2024 年 8 月 25 日

传统工艺是中华优秀传统文化的重要组成部分，是中华民族文化基因的一部分，对于延续历史文脉、坚定文化自信、建设文化强国具有重要作用。2017 年以来，国家有关部门先后颁布了《中国传统工艺振兴计划》《关于进一步加强非物质文化遗产保护工作意见》《关于推动传统工艺高质量传承发展的通知》，强调要坚持以人民为中心、坚持守正创新，尊重非物质文化遗产基本内涵，弘扬其当代价值，努力推动传统工艺实现创造性转化、创新性发展，使其更好地服务于经济社会发展和人民高品质生活。

马头琴制作技艺在 2011 年入选国家级非物质文化遗产代表性项目名录，这一技艺体现了草原儿女卓越的智慧和艺术创造力。马头琴在蒙古语中为"莫林胡尔"，是中华弦乐中具有代表性的弓拉弦鸣乐器。马头琴有两根弦，琴身梯形，因琴柄雕刻有马头而得名"马头琴"，其独特之处在于琴弓不是夹在两根弦的中间，而是在外擦弦拉奏。其音色悠扬旷远，曲调抒情、和缓、苍凉。马头琴是草原人民倾诉情感的重要乐器，其音乐形式反映了草原人民传统的生活方式和民族精神，有"草原音乐之魂"的美誉。2006 年，蒙古族马头琴音乐经国务院批准列入第一批国家级非物质文化遗产名录。

古时候蒙古人把酸奶勺子加工之后蒙上牛皮，拉上两根马尾弦，当乐器演奏，称之为"勺形胡琴"。在成吉思汗时期，马头琴在蒙古族民间流传开来。清代，马头琴的形制依然保留着唐代的风貌：琴头为龙首，琴体是"剜桐为体"——以整木剜制出来的梨形琴箱，琴箱正面蒙皮。由于是由整木剜制出来的琴箱，这种乐器在制作工艺上要求较高。清代中晚期，马头琴在民间广泛传播。由于草原各部落民间艺人审美要求和工艺水平的差异，产生了梯形琴箱或长方形琴箱。这种琴箱的制作工艺相对简单。20 世纪 50 年代初，马头琴迎来乐器改革与材料创新，主要倡导者是新中国第一代马头琴演奏家桑都仍和呼和浩特民族乐器厂的高级技师张纯华。经过反复试验，最终确立了现代马头琴的基本乐器形制和制作理念。如今，马头琴不仅是草原人民生活中不可或缺的一部分，更是承载着优秀传统文化和深厚历史价值的杰出弦乐代表，是中华民族音乐中的瑰宝。越来越多的年轻人开始学习制作和演奏马头琴。马头琴也受到了国内外音乐界的关注和认可，成为中外文化交流的重要桥梁，赢得了世人的赞誉。

乐器是通过激励体触发振动体振动引发共鸣体共鸣发声的器物。其中体鸣乐器仅有振动体；气鸣乐器有共鸣腔体的雏形；膜鸣乐器结合了体鸣乐器和气鸣乐器，集振动体和共鸣体于一身；弦鸣乐器在膜鸣乐器的基础上增加独立的传导体——琴码，从声学结构上来说是声学结构最完整的乐器。古人很早就对弦鸣乐器有高度认识，甲骨文中的"乐"字写作 ，为丝弦系于木之像——将弦鸣乐器作为"乐"之象征。弓弦乐器的出现，也解决了拨弦乐器和击弦乐器不能持续发音的问题。

弓弦乐器的发展历程不仅充分展示出中华音乐文明的辉煌迭起，也展现了中华文化广博宽厚的胸怀和各民族间文化相互交往交流交融，多元一体不断前进的宏伟格局。一方面，各民族丰富的乐器为弓弦乐器的革新与发展提供了沃土；另一方面，中华弓弦乐器对周边各国各族的弓弦乐器发展也产生了巨大影响，作出了不可忽视的贡献。马头琴作为弓弦乐器中极具代表性的乐器之一，诞生于民族交融之中，其形制和制作工艺在中华民族从古至今的交融历程中经历过两次大的转型后沿用至今，在不断创新中走向更宽广的舞台，是名副其实的充满生命力的中华民族文化符号。本书从乐器声学发展视角，以各民族交往交流交融的结果——马头琴这一中华民族文化符号为案例，梳理以马头琴为代表的中国弓弦乐器发展脉络，解读马头琴的声学结构与制作技艺，剖析其蕴含的文化价值，分析当前发展困境，并试图为马头琴提供数字化保护路径的案例，供读者参考。

目录

民间音乐是"第一批国家级非物质文化遗产名录"的第二项，是重要的"非物质文化遗产"。非物质文化遗产是文化遗产的重要组成部分，是我国历史的见证和中华文化的重要载体，蕴含着中华民族特有的精神价值、思维方式、想象力和文化意识，体现着中华民族的生命力和创造力。"形而下者谓之器"，物体振动产生声波，通过振动发声、共鸣扩声的"乐之器"，即为乐器。乐器是人类通过音乐表达、交流思想感情的工具，古人在认识与改造自然的实践中不断认识声和音，将乐音从各种声音中区分出来，并有意识地利用不同材料和发声方式制作不同种类的乐器，在长期的实践中萌生出对音色、音高、响度等乐音特征与乐器特性的认知，实现从利用响器到制作乐器的过渡。这一章，我们将从乐器发声角度梳理古人对声音的产生与传播的认识过程，通过出土文物分析古人在发声认识指导下制作的乐器，并根据不同的发声方式概述古代乐器类别，总结中国古代乐器的产生与演进趋势。

第一节　古人对声音的认识

声与音，在古人看来是有区别的。声与音所表达的意思不同，二字不可混用：声指响度，泛指人的耳朵能够感受到的物理现象；音是指声调，是有频率变化的声响组合。"声"繁体写作"聲"，"从耳"（［汉］许慎：《说文解字》）。意指耳朵听到的就是声。先秦时期，还有一种"声"字写作"謦"，"从言"（［秦］李斯：《仓颉篇》，［清］孙星衍辑，丛书集成本），指与言语有关的声音，由于它表达的意思单一，且能被"聲"所包含，所以从秦开始逐渐不为人所用。古代人认为"响之应声"（［春秋］管仲：《管子·任法》），"响"繁体写作"響"，"从音"，响即音。对于噪声，古代人也有定义，宋代《重修玉篇》^①中曰："噪，群呼烦扰也。"（《重修玉篇》卷九《言部第九十》，四库全书本）认为那种刺耳的大呼小叫、令人心烦的声音，就是噪声。战国时期，《礼记·乐记》中讨论过声和音的产生及其区别："音之起，由人心生也。人心之动，物使之然也。感于物而动，故形于声；声相应，故生变；变成方，谓之音。"书中还提到："凡音生，生人心者也。情动于中，故形于声，声成文，谓之音。"（《礼记·乐记》，十三经注疏本，中华书局影印，第1527页）司马迁的《史记·乐书》中也引述了这段文字。唐代孔颖达在注疏《乐记》中解释说："人心即感外物，而动口于宣其心，心形见于声。""声相应故生变者，既有哀乐之声，自然一高一下，或清或浊而相应不同，故云生变；变谓不恒一声，变动清浊也。变成方谓之音者，方谓文章，声既变转，和合次序，成就文章，谓之音也。"（《礼记·乐记》，十三经注疏本，中华书局影印，第1527页）由此可见，古人认为声与音不同。声是一般概念，常与响相并；音有清浊变化，有一定的节奏律动。根据现代声学理论，音作为一种物理现象，是由物体的振动而产生的，物体振动产生"音波"，并通过媒介物——空气，作用于人的听觉器官，听觉器官将所接收的信息传达给大脑，就给人以音的感觉。在自然界中，存在着各种各样的声音，这些声

① 中国古代的一部字书，是第一部按部首分门别类的汉字字典，成书于南北朝时期的梁朝，它集中了前人对噪声的解释。

音有的能为我们人耳所听到，有的则不能。我们人耳能听到的声音，大致在 20—20000 赫兹的频率范围之内，而在音乐中所使用的音一般只限于 27—4100 赫兹这个频率范围之内。乐音有四个声学参数：音高、音强、音色和时值。音高是由发声体的振动频率决定的；音强又叫响度，是由发音体的振幅决定的；音色或称音质，它与乐音的整个振动波形及其内的各分音结构相关；时值即音的长短，决定了乐音的衰减速度。由于音的高低、强弱、长短不同，我们才得以区分不同的旋律；根据音色的不同，才得以区分马头琴（图 1-1）、二胡（图 1-2）、钢琴（图 1-3）、笛子（图 1-4）等各种不同乐器的声音。

图 1-1　马头琴

图 1-2　二胡

图 1-3　钢琴

图 1-4　笛子

中国古代乐理有五声音阶：宫（do）、商（re）、角（mi）、徵（sol）、羽（la）。按照发声物质的材料，人们将乐器分为八类，称为"八音"。《周礼·春官·大师》写道："播之以八音：金、石、土、革、丝、木、匏、竹。"这八种物质材料的乐器大致有以下代表乐器：金类，如钟、镈、镛、钲、铎、铙、铃、镎于，均为青铜铸造；石类，如磬，由石块制成；土类，如埙、缶，为泥土烧制的陶器；革类，为各式各样的皮革制成的鼓；丝类，如琴、瑟、筝、筑，均为弦线振动发音；木类，如柷、敔，为木制；匏类，如簧、笙、竽、和，其风腔最初均由植物果实制成；竹类：箫、竽、管籥或笛，由竹管制成。《说文解字》对"音"解释道："音，声也。生于心，有节于外谓之音。宫、商、角、徵、羽，声也。金、石、土、革、丝、木、匏、竹，音也。"汉代郑玄指出："宫、商、角、徵、羽，杂比曰音，单出曰声。"南北朝音乐家黄侃也说过："单声不足，故杂变五音，使交错成文，乃谓为音也。"音属于声，有清浊、节奏等变化。单是说宫、商等五声字，是声；用八音乐器演奏它们时，是音。

这些文献说明，古人对于声与音已有明确的区分，声是组成音的要素，音是有旋律的声。由于物体的运动而发出的都是声，在这些声中，舒疾高低、快慢变化有一定规律和节奏的才是音。用乐音的清浊变化、交错成文表达"人心所动"或"感于物而动"的情感变化，就是音乐。戴念祖在《中国音乐声学史》中这样定义音乐："音乐是以发声体的振动产生的乐音来表达人的思想和情感的声音的艺术。"[①] 由此可见，脱离音乐定义的艺术创作就不是音乐了。

古代人在对各种自然声音的观察记录中，发现了风速与音调的关系；在撞钟伐鼓中，知道了振动的概念。声音产生于物体的

① 戴念祖：《中国音乐声学史》，河北教育出版社1994年版，第12页。

运动或振动的思想，在唐代已经明确了。《考工记·凫氏》在述及钟体的设计与制造时，写道："薄厚之所振动，清浊之所出。"这表明，至迟在公元前 6 世纪下半叶到公元前 5 世纪初已有"振动"一词，而且将之与钟壁薄厚、音调高低相联系，还对其三者间的关系有了正确的认识：钟壁厚度决定了其振动的强与弱（中国古代没有明确的频率的概念）或振幅的大小，振动的频率决定了音的高低。

早在殷周时期，中国人就制造出巨大精美的乐钟。人们敲钟时可以耳辨音调高低，还能通过轻触钟壁感觉振动的强烈。振动产生声音的现象，古代人并不陌生。东汉时期，王充在《论衡·论死篇》中对人说话发音的道理进行了探讨。他指出："生人所以言语吁呼者，气括口喉之中，动摇其舌，张歙其口，故能成言。譬犹吹箫笙，箫笙折破，气越不括，手无所弄，则不成音。夫箫笙之管，犹人之口喉也，手弄其孔，犹人之动舌也……人之所以能言语者，以有气力也。"王充认为，人能发声是由于口中有气，舌在气中摆动即产生声音，他以箫笙之管发声与人口舌发声进行类比，以此说明口舌发声的道理。王充虽没有明确提出声音的产生是由发声体的振动所致，但他的举例、分析与结论在声学史上起到了重要的作用。遗憾的是，其进步思想在当时遭受了封建统治阶级的嫉视，其著作《论衡》长期被当作"异书"遭受埋没，其对自然现象的许多观察和解释在历史上未产生应有的影响。

唐代人对于声音的形成有了更进一步的认识。成书于唐代的《乐书要录》明确指出："形动气彻，声所由出也。然则形气者，声之源也。声有高下，分而为调……假使天地之气噎而为风，速则声上，徐则声下，调则声中。""形"即物体，"彻"是通达。形和气是声之源。空气运动的速度快则声高，慢则声低。这些认识基本上是正确的。五代道士谭峭在《化书》中强调指出："气动则声发，声发则气振，气振则风行。"物体的运动引起空气振动，空气振动而产生声音。谭峭的认识是正确的。宋代张载探讨了各种声音形成的原理，对各种声音现象进行了总结。他在《正蒙》中写道："声者，形气相轧而成。两气者，谷响雷声之类。两形者，桴鼓叩击之类。形轧气，羽扇敲矢之类。气轧形，人声笙簧之类。是皆物感之良能，人皆习之不察尔。""轧"有逼迫之意，张载认为，形与气的相互作用，有气与气、形与形、形与气、气与形四种类型，形与气相互倾轧才产生声音。

明代宋应星进一步探讨和总结了各种发声现象。他在《论气》中写道："气本浑沦之物，分寸之间，亦具生声之理，然而不能自为生。是故听其静满，群籁息焉。及夫冲之有声焉，飞矢是也；界之有声焉，跃鞭是也；振之有声焉，弹弦是也；辟之有声焉，裂缯是也；合之有声焉，鼓掌是也；持物击物，气随所持之物而逼及于所击之物有声焉，挥椎是也。当其射，声不在矢；当其跃，声不在鞭；当其弹，声不在弦；当其裂，声不在帛；当其合，声不在掌；当其挥，声不在椎。微茫之间一动，气之征也。"宋应星指出，空气是产生声音的必要条件，但仅有空气还不能发声，必须有物体使空气振动才能发声，"飞矢"对空气产生冲击作用，"跃鞭"使空气"分界"，"弹弦"使空气振动，"裂缯"将空气"劈开"，如此等等都是改变了空气的状态。他又进一步指出："凡以形破气而为声也，急则成，缓则否；劲则成，懦则否。盖浑沦之气，其偶逢逼轧，而旋复静满之位，曾不移刻。故急冲急破，归措无方，而其声方起。若矢以轻掷，鞭以慢划，弦以松系，帛以寸裁，掌以雍容而合，椎以安顿而亲，则所破所冲之隙，一霎优扬还满，究竟寂然而已。"物体对空气的作用必须快速才能产生声音，动作缓慢则不会形成声音。

　　音乐是由发声体的振动所产生的，或有清浊变化规律，或有某种音阶结构，或有响度变化以形成旋律和形式美的声音，是表达人们的思想与情感的艺术。[1] 最早的音乐形式就是人声，在不断的音乐实践活动中，各种各样的乐器作为人声的延伸被创造出来。乐器体现了音乐实践活动中人类逐渐变化的审美、情趣和能力，深刻表现出音乐的"文化进化"。

第二节　原始的乐器

　　新石器时代早期的人类，已经能制作一些简单的乐器。中华文明起源于黄河流域、长江流域及西辽河流域，目前出土于这三个地区的乐器主要有陶、石、骨、革四类材质，具体包括石磬、陶铃、陶钟、陶鼓、摇响器、骨簧、骨哨、陶哨、骨笛、陶埙、石埙和陶角 12 种。

　　在新石器时代中期黄河中游属裴李岗文化的河南舞阳贾湖遗址出土的 30 余支骨笛（图 1-5），采用猛禽腿骨管截去两端关节钻圆孔制作，多为七孔，开孔部位有钻孔前的定位刻记，个别音孔旁还另钻调音小孔，[2] 这批骨笛有相对统一的制作规

① 戴念祖：《中国音乐声学史》，中国科学技术出版社 2018 年版，第 13 页。

② 河南省文物研究所：《河南舞阳贾湖新石器时代遗址第二至六次发掘简报》，载《文物》1989 年第 1 期，第 1-19 页。

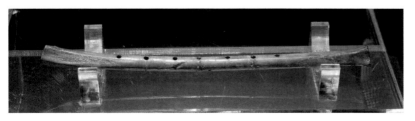

图 1-5　贾湖骨笛

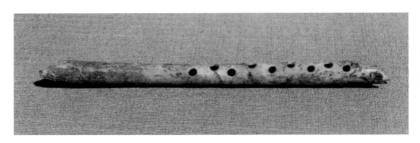

图 1-6　河南汝州中山寨九孔笛

①《中国音乐文物大系》总编辑部：《中国音乐文物大系·河南卷》，大象出版社 1996 年版，第 112 页。

② 中国社会科学院考古所河南一队：《河南汝州中山寨遗址》，载《考古学报》1991 年第 1 期，第 57-89 页。

③ 河南省文物研究所：《长葛石固遗址发掘报告》，载《华夏考古》1987 年第 1 期，第 3-125 页。

④ 陈嘉祥：《对石固遗址出土的管形骨器的探讨》，载《史前研究》1987 年第 3 期，第 93-94 页。

⑤ 宁安县文物管理所：《黑龙江宁安县东昇新石器时代遗址》，载《考古》1977 年第 3 期，第 173-175 页。

范，形制基本相同，是我国迄今为止出土的年代最早、时间跨度最长的乐器。早期骨笛有五孔和六孔两种形制，中期骨笛均为七孔，晚期大多保留中期的七孔形制，出现少量八孔骨笛。在河南汝州中山寨遗址第一期文化遗存（属裴李岗文化）出土一支骨笛（图 1-6）①，器身音孔呈两排错落排列，孔间距密集，共九个。② 除骨笛外，裴李岗遗址还出土有 90 余件龟甲摇响器，是我国发现最早的板振动乐器实物，形制统一，多由龟甲与腹甲扣合在一起而成，上下龟甲结合部位多钻有缀合孔，内有石子若干。

　　在新石器时代中期较早的河南长葛石固遗址下层出土两件骨形器，③ 直管状，两头洞空，横断面近圆形，一侧壁稍平，腰中有较大椭圆孔，根据其壁薄、光润柔腻且孔沿削成斜茬，判断这两件管形器为管乐器或信号器。④ 长葛石固的单孔骨笛是通过向管身一孔吹气，引发骨腔内气流振动共鸣发声的，空气柱长度固定，只能发一音。1972 年，黑龙江宁安县东昇新石器时代遗址出土骨哨五件，大小不等，是将骨节一端削去一块现出孔洞，或将骨骼一端削成凹形露出骨髓管制成。⑤ 与之同为无孔管的，还有在浙江马家浜文化的桐乡县（今桐乡市）罗家角遗址出土的骨

图 1-7　罗家角无孔管　　　　　　　　　　　图 1-8　罗家角单孔管

管，管身未开孔，管壁薄，表面磨光，一端有缺口（图 1-7）。[①]
该遗址另出土一支单孔骨管（图 1-8），与河南长葛石固的单孔
骨笛相比，开孔靠近一端，小且圆。

　　黄河中游仰韶文化遗址范围较裴李岗时扩大很多，共发现乐
器 50 余件，包括哨、埙、摇响器、铃、钟、鼓。这一时期的乐
器以河南郑州大河村遗址出土的最为集中，其中出土的埙呈橄榄
形，底部稍平，顶端有一吹孔，肩部有两音孔；陶鼓 2 件，红陶
质，由细长颈及球状底部组成，底部中间有一镂空；椭圆形、圆
形、半圆形和合瓦形四种壳体板振动乐器——铃 5 件。临潼姜寨
遗址出土橄榄形无音孔陶埙，头尾尖，顶端有一吹孔，可发一音；
出土的陶鼓，釜形无耳，直口，鼓腹，尖底，口沿下有鹰嘴钩状
突起，器腹中部有一小孔。[②]西安半坡遗址出土细泥捏制橄榄形
陶埙，内腔呈 L 形管状，两端分别连接顶部吹孔和底部音孔，可
发两音。河南渑池西河庵村出土的红陶质埙，似橄榄，体腔内
实，有 L 型管腔，从腰部贯穿埙底，顶部有一个吹孔，腰部中央
有一音孔。[③]河南郑州后庄王遗址出土陶鼓 14 件，属仰韶文化
晚期遗物，陶鼓的形制大体相似，细砂灰陶质，细长颈，口沿处
饰有对称鹰嘴钩，器底部呈圆球形，球底中间有镂空。巩义滩小

① 嘉兴市文物局：《马家浜
文化》，浙江摄影出版社 2004
年版，第 55 页。

② 费玲伢：《新石器时代陶
鼓的初步研究》，载《考古
学 报》2009 年 第 3 期，第
300 页。

③ 李纯一：《中国上古出
土乐器综论》，文物出版社
1996 年版，第 139 页。

图1-9　山西陶寺菱形陶铃　　　　　　　　图1-10　山西陶寺马蹄形陶铃

① 张学海：《龙山文化》，文物出版社2006年版，第23页。

② 中国音乐文物大系总编辑部：《中国音乐文物大系·山西系》，大象出版社2000年版，第299页。

关遗址出土陶鼓件，属仰韶文化晚期遗物，其球状底部略尖，器身开孔位置位于下腹部。河南内乡朱岗遗址出土的仰韶文化晚期遗物，鼓首喇叭形，鼓身筒形，身首接合处有一周齿状突起。黄河上游的甘青地区马家窑文化及之后的半山、马厂类型遗址，多出土喇叭形鼓。

　　黄河中游地区龙山文化承袭了仰韶文化庙底沟类型①，这一时期该地区出土乐器40余件，有埙、鼓、磬、铃、钟等。山西襄汾陶寺遗址出土的乐器最为集中，有埙、陶鼓、鼍鼓、陶铃（图1-9、图1-10）、铜铃（图1-11②）和新的乐器种类——磬。陕西神木石峁遗址出土有骨制口簧、骨笛、陶哨等共近30件，其中有骨簧19件。乐器的集中出现，与当时的宗教和祭祀活动密切相关，象征着礼制的萌芽。除乐器外，大型城址、墓葬及陪葬品，证明陶寺文化已经进入"雏形国家"阶段，标志着黄河中游流域古国时代的到来。

　　黄河下游地区出土乐器仅有30余件，主要集中于大汶口文化遗址，其中鼓类近20件，陶鼓16件和

图1-11　山西陶寺菱形陶铃

罍鼓 2 件，以釜型陶鼓为主，口部外侈，底部圆滑，分有耳和无耳两类，如山东邹城野店出土的陶鼓；另有山东泰安大汶口遗址出土的罐型陶鼓，口部外侈，口沿外有尖齿状突起，平底。

黄河上游出土的乐器主要集中于甘青地区，甘肃宁县阳坬遗址出土的陶鼓，双头内敛，束腰，其中一头口沿处一周有冒革时缚绳所用圆形突起十颗，下腹近口沿

图 1-12 甘肃广河兽头摇响器

处有一镂孔；[1]甘肃秦安大地湾遗址出土的陶鼓直口圆叠唇，深直腹，平底，颈部附加 3 个角状倒钩纽，腹饰交叉细绳纹。[2]这两种器型在该地区仅各有一件。马家窑文化遗址出土的乐器主要为板振动的摇响器和膜振动的鼓。摇响器（图 1-12）出土约 10 件，有橄榄形、半球形、棒形和罐形四种，都为中空，内置陶粒，橄榄形和半球形底侧有二孔，疑为悬绳所用。鼓的数量较多，有 20 余件，都为喇叭形，一种为口沿内敛，由大小和样式不同的两头及细长中腔组合而成，大头部分略呈半球形；另一种口沿外扩，小头较小，腰部有绳勒痕迹。[3]齐家文化遗址出土的乐器中，出现了罐型折腹式摇响器和筒形摇响器，还有 3 件板振动的磬。另外，玉门火烧沟遗址出土的陶埙制作精良，数量较多，有 20 余件，成为这一时期的代表性乐器。

长江上中游出土的乐器以四川盆地和江汉平原及环洞庭湖流域为中心，出土的早期乐器仅有大溪文化的 30 余件摇响器（图

① 庆阳地区博物馆：《甘肃省阳坬遗址试掘简报》，载《考古》1983 年第 10 期，第 869-876 页。

② 赵建龙，张力华：《甘肃最早发现的陶鼓研究》，载《丝绸之路》2003 年第 1 期，第 22-25 页。

③ 青海省文物考古队：《青海民和县阳山墓地发掘简报》，载《考古》1984 年第 5 期，第 388-395 页。

图 1-13　四川巫山大溪摇响器

1-13），多为球形，还有橄榄形和哑铃形各一个。之后，屈家岭文化遗址和石家河文化遗址出土的乐器仍以摇响器为代表，篦点增多，纹饰更复杂。长江下游出土的乐器大致分布于皖河流域、太湖流域、宁绍平原一带，分别对应薛家岗文化、河姆渡文化、马家浜文化和良渚文化。薛家岗文化遗址出土的主要乐器是摇响器；河姆渡文化遗址出土 139 件空气柱振动乐器——骨哨，骨哨用禽类的肢骨中段制成，呈弧形细管状，横断面为不规则圆形，器表光滑，器身略弧曲，在凸弧一侧磨出圆形或椭圆形的孔，经历了无孔、一孔、二孔、三孔到五孔的发展过程；马家浜文化的桐乡县罗家角遗址出土的骨管，管身未开孔，管壁薄，表面磨光，一端有缺口。[1] 另有江苏吴江梅堰属青莲岗文化出土骨哨一件，管状，表面磨光，近一端处有一瓜子形小孔，经检验可发音。[2] 浙江萧山跨湖桥文化遗址出土 3 件骨哨，肢骨截制，管状，穿孔。[3]

　　另外，在燕山南北长城一带也有乐器出土，如内蒙古清水河县岔河口遗址曾出土陶铃（图 1-14）20 余件，年代同仰韶

① 嘉兴市文物局：《马家浜文化》，浙江摄影出版社 2004 年版，第 55 页。
② 江苏省文化工作队：《江苏吴江梅堰新石器时代遗址》，载《考古》1963 年第 6 期，第 308-318 页。
③ 浙江省文物考古所、萧山博物馆：《跨湖桥》，文物出版社 2004 年版，第 187 页。

图 1-14　内蒙古清水河县岔河口陶铃

文化和龙山文化相当，为黑褐陶制成，平顶，舞面有一圆孔应为悬舌所用，铃口为圆角方形。^①在江西、广东等以鄱阳湖—珠三角为中轴的地区，也有少量乐器出土。

① 《中国音乐文物大系》总编辑部：《中国音乐文物大系·内蒙古卷》，大象出版社 2007 年版，第 27 页。

第三节　乐器分类

乐器的学术性分类标准通常是由从事乐器研究的学者制定的，另有一种原生性分类是根据使用和制作乐器的群体来界定的。将乐器进行分类，往往要先选择适合于分类操作的标准。乐器通常按发音机制、演奏方法等分类。乐器的学术性和原生性分类有概念上的交叉，因此这两类分类主体存在交叉。中国古代有"八音分类法"，印度古代有"四分法"，西方近代有"霍恩博斯特尔-萨克斯"分类法（简称 H-S 分类体系），从乐器的物质层面，根据其声学特征进行分类。乐器分类的过程与方法经常在形式上有差异，但是要遵循以下共同的逻辑原则：

1.明确分类对象。即界定乐器的概念，确定乐器是什么。

2. 确定分类标准。如按照演奏方式、制作材料或声学原理，每个层级都要按照相同标准。

3. 确立分类层级。如中国古代的八音分类，是按照制作材料的标准做单层分类，而西方的 H-S 分类体系划分了 9 层分类。

4. 子级需将下一级全部内容包含，且子级间不能有相互包含的关系。

中国最早的乐器分类法是八音分类法。"八音"一词最早出现在《周礼·春官》："凡六音者，文之以五声，播之以八音。""皆播之以八音：金、石、土、革、丝、木、匏、竹。"这里提到的"八音"是用于指代乐器的总称，为当时八种常用于制作乐器的材料。久而久之，人们习惯于将乐器对应其中，形成了以制作材料为标准的乐器分类法。古人在更早的时候，就开始关注乐器制作的材料，并且已经知道何处的材质为上。《尚书·禹贡》有载："厥贡惟土五色，羽畎夏翟，峄阳孤桐，泗滨浮磬，淮夷蠙珠暨鱼。""峄阳""泗滨"为地名，这里的梧桐和裸露地表的石，为制作乐器的好材料。李白《琴赞》中也有对峄阳孤桐制出的琴音美妙的记载："峄阳孤桐，石耸天骨。根老水泉，叶若双月。断为绿绮，徵声璨发。秋月如松，万古气绝。"虽然《尚书·禹贡》被认为是文献学界的真经，但未有禹时的琴出土。该朝代初期虽出土有特磬，但从整体乐器制作水平来看，乐器形制和材质都尚未定型。对选材如此精准的认识和要求，未免有夸张之嫌。

《周礼》这部书，虽然记载了周朝国家机构设置、职能分工，但实际应该成书于汉朝。其中的八音分类法，除继承了前人重视材料的传统，可能也吸收了战国时期的五行观念；"八卦""八风""八方"的分类方法，应该也对八音分类法产生了一定影响。

八音分类法已经存在了两千多年，在《二十五史》中，《宋书·乐志》《隋书·音乐志》《旧唐书·音乐志》《新唐书·礼乐志》《辽史·乐志》《元史·礼乐志》等经典，都使用了八音分类法。其中《新唐书·礼乐志》在讲到"骠国乐"时，也将其乐器分为八类：金、贝、丝、竹、匏、革、牙、角，既遵循八音分类的传统标准，又有自己的特色。

在这种八音分类法沿用千余年之后，北宋的陈旸在他的《乐书》中提出了"雅""胡""俗"三分法。北朝、隋朝、唐朝期间，大量胡乐传入中原，并在宫廷与原有的雅乐、俗乐交流融合，形成鲜明的时代特点，陈旸将文化属性作为乐器的分类标准，在"雅""胡""俗"每一类下又按照"金、石、土、革、丝、木、匏、竹"的八音分类，也没有完全改变旧有分类法。

元代马端临借鉴陈旸的乐器分类法。他在《文献通考·乐考》中将原来八音中的每一类进一步细分为雅、胡、俗三类。如金之属雅部、金之属胡部、金之属俗部。无法纳入八音的，单独列出"八音之外"一栏。与陈旸《乐书》相较，恰似其倒影形式，可能由于当时传统的八音分类法仍旧占主导地位，故仍将其置于首层。而且在当时的政治环境下，若马端临像陈旸那样将雅、胡、俗作为第一级是不合适的。

清代的《律吕正义》下编，也沿用了八音的分类方法，但是将其又分成三类。靠人力发出声音者为：金、石、丝；靠人气发出声音者为：竹、匏、土；用以节乐者为：革、木。前两类是以激励体为分类标准，最后一类以乐器作用为准，分类标准并不统一。

八音分类法悠久历史，但由于三千多年来复合材质乐器的大量增加，这种分类方式的缺陷也日益暴露，是按制作材料还是共鸣体的材料分类呢？如笙（图 1-15）在八音中属匏类，但匏并

图 1-15　笙

不直接振动发音，簧和管与发音直接相关，但都不属于匏类。而金、石、革、木等，既是制作材料，又是直接发音的振动体。这就体现出分类标准的不一致。笙之后出现的乐器更加复杂，例如，唢呐使用了金、木、竹三种材料，归入哪一种合适呢？按照唢呐碗的材质应将其归入金类；依据哨片的材料应将其归入竹类；而根据管身的材料应将其归入木类。

另有一种源于欧洲的分类法——管弦乐队分类法，是以西洋管弦乐队中乐器声部的划分模式为分类原则，将所有乐器分为弦乐器、管乐器、打击乐器三大类。每一大类还可进一步细分，如弦乐器可分为拉弦乐器（如小提琴）、拨弦乐器（如竖琴）和击弦乐器（如钢琴），管乐器可分为木管乐器（如单簧管）和铜管乐器（如小号），等等。还有一种分类法是在上述三种乐器的基础上增加键盘乐器（如管风琴）和人声。作曲家写总谱时经常按这种分类法来划分声部，一般是按木管声部、铜管声部、打击乐声部和弦乐器声部的顺序自上而下依次排列。大多数配器法教科书也使用这种分类法。

　　管弦乐队分类法的优点是直观、简明，与传统管弦乐队的声部设置保持一致，因此被大多数音乐工作者使用。但由于这种分类法建立在西洋管弦乐队基础上，因而对于其他地区和民族中的其他种类的乐器，无法进行有效的划分。例如，口弦（一种利用口腔共鸣发声的簧片乐器）、木叶（一种能够利用嘴唇发声的树叶乐器）等乐器，就无法归类到上述分类体系中。20 世纪才出现的电子乐器，传统的分类法也没有将其纳入。

　　20 世纪 30 年代，王光祈先生将德国的霍恩博斯特尔－萨克斯分类体系传入中国。这个分类的第一层为人所熟知：体鸣、膜鸣、弦鸣和气鸣四类。到目前为止，这是在全世界范围内影响最大、使用最广的乐器分类体系，霍恩博斯特尔－萨克斯分类法具有逻辑清晰、涵盖范围广泛的特点，因此在民族音乐学研究领域受到普遍关注，在世界民间乐器研究方面，采用者极为广泛。相对于管弦乐队分类法，这种分类体系比较复杂，而且需要一些基础性的声学知识，因此在民族音乐学以外的领域应用的并不多。

　　西周时期，我国已经有了拨弦乐器。《诗经》云："我有嘉宾，鼓瑟鼓琴"，"妻子好合，如鼓琴瑟"。可见"琴""瑟"在我国西周时期已是十分普及的乐器。在美索不达米亚地区的乌尔国王墓葬中，出土了距今 5000 年左右的 9 架里拉琴，是世界上最早的拨弦乐器。[①] 迄今为止，我国发掘出土的春秋战国时期的瑟已有数十件，最早的为湖北当阳县（今当阳市）曹家岗出土的春秋晚期的瑟。另外，战国时期主流的弦乐器还有筝和筑。筑为以竹尺敲击的弦乐器，音乐史学家项阳认为筑是中国早期弓弦乐器的滥觞。[②] 从只有一根弦的独弦琴发展到有数百根弦的钢琴，弦乐器形式各异，音色丰富多样，但从声学角度看，任何一件完整的弦乐器都由相同的基本结构组成。

① ［联邦德国］汉斯·希克曼等著，王昭仁、金经言译：《上古时代的音乐》，文化艺术出版社 1989 年版，第 83 页。

② 项阳：《中国弓弦乐器史》，国际文化出版公司 1999 年版，第 8 页。

第一节　弦鸣乐器的发音原理

　　以弦的振动为发声源的乐器，被称为弦乐器，即霍恩博斯特尔－萨克斯分类体系中的"弦鸣乐器"。弦鸣乐器由激励系统、弦振系统、传导系统和共鸣系统四个主要部分和调控装置组成。弦乐器的发声原理可归纳为以下几个要点：

　　1. 由激励装置对弦进行触发，使弦振动发声。演奏家通过改变有效弦长和激励方式（演奏方式）来控制弦乐器的音高、音色、音强和音长。

2. 利用共鸣系统加强弦振动的声能扩散，增大音量。一般来讲，单靠弦的振动产生的声能辐射范围有限，音量很小，因此绝大多数弦乐器都有共鸣系统。除此之外，由于共鸣系统可以突出某一频段的声音能量，因此不仅可以扩大音量，还可以改变乐器的音色。从这个角度看，弦乐器共鸣系统的声学性能对音色的影响是至关重要的，所以当乐器制作师想改善乐器的声音性能时，往往都从共鸣系统开始。

3. 利用声学调控装置对乐器发声，如音长、音色和音量进行控制或改变。一般来讲，击弦乐器和拨弦乐器的琴弦被激发后声音是不可控的。调控装置对激发后的琴弦发声状态进行控制，以符合音乐作品中的时值要求。对拉弦乐器来说，由于发声状态一直被琴弓所控制，声音就是可控的。利用调控装置改变弦乐器音量和音色的例子也很多，如钢琴的弱音踏板、小提琴的弱音器等。

从声学角度看，琴弦可视为一根具有一定张力的线体。弦乐器与管乐器在发声性能上最大的差异在于：弦乐器的音高是由振动体——弦的振动频率决定，共鸣体只起到扩散声能的作用；而管乐器的音高是通过振动体和共鸣体的耦合作用，共鸣体掌握更大的"音高决定权"。从这个角度看，只要了解弦振动的一般特性，就能够掌握弦乐器在音高变化方面的规律。

设频率为 f，弦长为 l，张力为 F，线密度为 d，则两端固定的弦振动为：

$$f = \frac{nc}{2l} = \frac{n}{2l}\sqrt{\frac{F}{d}}$$

公式中，c 为波动在弦上的传播速度，$n=1$，2，3……当 $n=1$ 时频率最低，称为基频，对应的振动方式称为一次谐波；$n=2$ 时，称为二次谐波，以此类推。二次以上高次谐波的频率是基频的整数倍。由上式可见，改变 l、F、d，都可以改变弦振动的频率。弦乐器的音调与频率成正比，而频率与弦长成反比，所以音调与弦长成反比。古人没有频率的概念，而是通过调整弦的长短和粗细控制音调，他们制作的各种弦乐器，都遵循着弦振动原理。

唐代出现了胡琴类的拉弦乐器。《淮南子·本经训》中写道："风雨之变，可以音律知之。"王充《论衡·变动篇》指出："季弦缓"，"天且雨"。阴湿的环境下会使琴弦变松，导致音调降低。琴弦缓与急，其实是弦中的张力发生了变化。《淮南子·缪称训》指出："治国譬若张瑟，大弦急则小弦绝。""急"是紧之意。同一架瑟，如果低音大弦的音调调得高，高音的小弦也必须调高音调，否则小弦会因张力过大而绷断。《淮南子·泰族训》也指出："张瑟者，小弦急而大弦缓。"用同样的力调弦，小弦已经张得很紧了，而大弦还处于松缓状态。东汉蔡邕曾说过："凡弦急则清，慢则浊。"宋代何蓬在《春渚纪闻》中也写道："缓其商弦，与宫同音。"这些都是关于琴弦缓急与音调高低的经验认识。

《韩非子·外储说》论述弦乐器发声时指出："夫瑟以小弦为大声，以大弦为小声。"弦的大小指的是弦的粗细，"大声"和"小声"是指音调的高和低。古代的琴弦由蚕丝做成，古人通过蚕丝的根数控制琴弦粗细。唐代司马贞在《史记》"索引"中指出："宫弦最大，用八十一丝"；商弦"用七十二丝"；角弦"用六十四丝"；徵弦"用五十四丝"；羽弦"用四十八丝"。这一组数字是根据"三分损益法"计算出的各弦的粗细。此外，古人还用"缠弦"法制作粗弦。沈括《梦溪笔谈》记载："琴中宫、商、角皆用缠弦，至徵则改用平弦。"缠弦，就是在弦线外再用线缠绕；平弦是不再外加缠线的弦。用缠弦方法增加弦的直径，降低其音高。这种方法至今仍在使用。

当一根弦受激时，会同时产生三种不同类型的振动，即横振动、纵振动和扭转振动。横振动，也就是琴弦的上下振动，是最主要的一种振动方式，横振动的能量最大，对弦振发声起主导作用；纵振动，可以简单地理解为弦长在做伸缩振动，这种振动的振幅比横振动小很多，但对弦振发声也会产生一定影响；扭转振动，可理解为弦以自身为轴心做左右摇摆的振动，这种振动在拉弦乐器中表现得比较明显，在击弦乐器和拨弦乐器上相对不明显。

一、横振动

弦的横振动的基频计算公式为：

$$基频 f = \frac{1}{2l} = \sqrt{\frac{T}{\rho}}$$

公式中，l 是弦长，T 是弦的张力，ρ 是弦的线密度（弦的粗细）。可以看出假设弦的长度（l）越短，张力（T）越大，弦线密度（ρ）越低，基频就越高，也就是音高越高。这个公式对羊肠弦、金属弦和尼龙弦都适用。由于不同材料的弦张力（T）和线密度（ρ）不同，所以即使长度和粗细都一样，不同材料的弦发出的音高是不同的。

所有弦乐器都是通过改变弦的长度或张力、密度来控制音高，但不同乐器的方式略有不同，如小提琴主要通过指位和把位的变化改变有效弦长，而古筝则主要是通过调节弦的张力。

二、纵振动

弦的纵振动的基频计算公式为：

$$基频 f = \frac{1}{2l} = \sqrt{\frac{Y}{\rho}}$$

其中，l 是弦长，Y 是弦材料的杨氏模量（弹性模量，常量），ρ 是弦的线密度（弦的粗细）。

可以看出弦越短或者 Y 值越大，则弦纵振动的基频越高。纵振动公式与横振动公式的不同之处，就是将横振动中的张力（T）换成了弹性模量（Y）。

纵振动相对于横振动来说，虽然产生的能量很小，对音高的影响不明显，但这种振动产生的高频声会影响弦的音色。不同材料的弦，弹性模量（Y）和材料密度（ρ）不同，因此纵振动的频率也不同，音色也就有所不同，羊肠弦、金属弦和尼龙弦之间音色有别，原因就在于此。

三、扭转振动

琴弦受到拉弓或弹拨时会产生扭转振动，其基频计算公式为：

$$基频 f = \frac{1}{2l} = \sqrt{\frac{G}{\rho}}$$

公式中，G 是弦材料的刚性系数（不是弹性系数）。与前两个公式相比可见，扭转振动的基频（f）与张力（T）和杨氏弹性模量（Y）无关。

扭转振动与纵振动一样，产生的能量也很微弱，对音高基本不产生影响，但会影响音色。弦乐器中，拉弦乐器的音色一般要比击弦乐器更丰富，原因之一就在于拉弦乐器的弦振发声中含有一定的扭转振动，而击弦乐器的弦振发声中扭转振动极少。

由于上述三种振动方式往往同时产生，难以分离，因此，我们无法判定影响乐器音色的究竟来自何种振动。从另一个角度看，这也正是乐器声学研究的魅力所在。

从振动的角度，可以把音乐分为"纯音"和"复合音"两大类。"纯音"指由一种振动频率构成的声音，自然界中基本没有纯音。通常物体振动时，除整体振动还有分段振动，因而大都产生复合音。一根弦在振动时，除了全弦振动，还伴有分段振动。这些分段振动的频率和整体弦振动（横振动）频率构成整数比，即 1：2：3：4……的关系，这种倍频关系使得所有的弦振发声都音高明确。

根据物理中的杨氏定律，如果在弹性物体的某个位置上激发它振动，这个激发位置就会成为振波的波幅；如果在某个位置上阻止它振动，这个位置就会成为振波的波节。弦属于弹性物体，根据这个定理，在不同位置激发弦振动，会改变振波的波幅和波节的分布，从而影响音量和音色。因此，对所有弦乐器来说，在弦的哪一个位置对其进行激发是非常有讲究的。

弦的张力、弹性模量、刚性和材料密度不仅对音高有直接影响，同时对弦的谐音列成分也起一定的作用。想要使琴弦发出某一规定的音高，可以有多种方法：调整弦长，或者改变张力，当然也可以调整弦的粗细、密度。理论上，无论采用哪种方法，都可以达到预想的音高，但是在音色上却有较大差异。乐器上适用的弦，大多是以丝、肠衣、尼龙、金属等材料制成，但有些传统的民间乐器还使用其他材料制弦，如蒙古族常用的传统马头琴，就将数根马尾绞在一起作为琴弦。通常情况下，羊肠弦发声较纤细而柔和，金属弦发音比较明亮，丝弦和尼龙弦亮度居中。为了使弦获得均匀的张力，同时缩小弦的直径，保证弦的柔韧性，一般情况下，中音和低音弦都采用缠弦的方法制成，即在一根弦线外面再缠上一层或数层的细丝线。理想的琴弦应当既有一定刚性，以保证琴弦具有较强的张力，同时还要有一定的柔韧性和均匀度，以保证音色的柔美和统一。此外，考虑到演奏者手指的舒适度和演奏时的便利，乐器琴弦的表面还必须做到细腻、光滑、色泽明亮，尽量避免氧化对琴弦造成腐蚀。

第二节 丰富多彩的弦乐器

中国有着悠久的历史，勤劳智慧的各族人民共同创造了中华民族源远流长、灿烂多元的中华文化。民族乐器中，既有由古代流传下来的本土乐器，又有历代传入后经过融合改造的异域乐器。民族乐器种类之多、特色之浓在世界上实属罕见，它们是中华民族智慧的结晶，是人类文化宝库中的珍宝。我国有约 500 种形制不同、奏法各异、音色独特的民族乐器，有的已走向世界，有的依然广泛流传在民间，共同演绎出美妙的音乐篇章，构成一幅精彩绝伦的民族团结画卷。民族乐器形制大多便携，就地取材，在音色和演奏方法上具有独特的风格。（图 2-1）

图 2-1 多种多样的弦乐器

图 2-2　马头琴

弦鸣乐器是我国民族乐器中最主要的一类乐器，其品种之多、应用之广是其他类乐器所无法比拟的，它们在结构、音律、转调、音域和音量等多方面，有自己的特色，也有局限。从 20 世纪 50 年代后的半个多世纪里，三弦、火不思、马头琴（图 2-2）、四胡、托布秀尔、雅托噶等多种弦鸣乐器历经多次改革，向着更加规范化、系统化、科学化的方向发展，促进了民族音乐的繁荣。另外，越来越多民族乐团登上了国际音乐殿堂，如马头琴艺术大师齐·宝力高 2005 年率"齐·宝力高野马马头琴乐团"登上维也纳金色大厅，在这座神圣的音乐殿堂里让世界领略了中国民族音乐的独特艺术魅力，为世界人民了解中国文化搭建了桥梁。①

① 乐声：《中华乐器大典》，文化艺术出版社 2015 年版。

一、胡尔

胡尔，弓拉弦鸣乐器，是蒙古族民族乐队中的高音拉弦乐器。由内蒙古自治区歌舞团呼和巴特与呼和浩特市二轻局民族音响乐器部周印研制。琴杆红木或色木制。琴筒为内外双层结构，主音筒呈八方形，前口蒙蟒皮，置于副音筒之中。副音筒用色木或白松制作，内为长方体，外呈椭圆形，前口边缘有装饰板，后口设音窗，两侧浮雕羊头为饰。筒长 12.5 厘米，横截面长 9 厘米、宽 7.4 厘米。两层音筒合为一体，可产生更好的共鸣效果。琴杆与副音筒固定在一起，两轴，张尼龙钢丝弦，琴首雕为马头，下设琴托。千斤用红木制，后槽与琴杆相嵌合，可上下移动，用马尾弓拉奏。两弦，定弦为小字一组的 g 和小字二组的 d 音，音域为小字一组的 g 到小字四组的 d 音，音色清脆响亮。

胡尔一般 7 至 10 把同时使用。它吸收了马头琴的颤音、垫弓、绰注、快速回滑音、自然泛音奏法，蒙古族四胡的闪音、拨弦、弹弦，滑音奏法，以及二胡的快弓、跳弓奏法等，形成独特的演奏风格。代表乐曲有《蒙古胡尔赞》《九月风光》等。[1]

① 刘东升主编:《中国乐器图鉴》，山东教育出版社 1992 年版。

二、四胡

四胡（图 2-3），流行于蒙古族、达斡尔族、锡伯族、赫哲族等多个民族，是弓拉弦鸣乐器。蒙古语称侯勒、胡兀尔，意为四弦胡琴。四胡历史悠久，形制多样，音色浑厚深沉，富有草原韵味，可用于独奏、器乐合奏或为说唱和戏曲伴奏。四胡流行于内蒙古自治区、辽宁、吉林、黑龙江和华北等地以及蒙古国。

四胡起源于我国古代北方奚部的拉弦乐器奚琴，宋代陈旸《乐书》中载有："奚琴本胡乐也。"早在秦汉时期，汉族就把雄踞北方草原的诸多民族泛称为"胡人"，将他们使用的乐器统称为"胡琴"。3000 多年前，东胡就在商王朝正北方称雄，后来同乌桓、鲜卑、匈奴等民族对抗过中原，在两汉至南北朝时期，乌桓和鲜卑先后附汉。其后的北魏、契丹辽王朝等皆属东胡后裔。13 世纪初，成吉思汗入主中原，也把胡琴带入汉族音乐文化中。胡琴还曾伴随一代天骄成吉思汗的铁骑横跨欧亚大陆，在

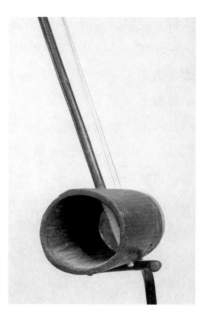

图 2-3 四胡

蒙古帝国时代是宫廷中常用的乐器。蒙古文著作《成吉思汗箴言》中也有"您（成吉思汗）有抄儿、胡兀尔的美妙乐奏"的记载。13 世纪后，四胡已在蒙古族地区流传。在 16 世纪阿勒坦汗时期（1507—1581）的宫廷壁画中，绘有一女乐工手持细棒状琴杆、筒形琴箱、四轸同设在琴首后端、马尾弓夹于弦间拉奏的乐器，与今日之四胡演奏形象完全相同。到了清代，四胡被称作"提琴"，用于宫廷音乐"番部合奏乐"中，其形制已与今日流行的蒙古族四胡基本相同。（图 2-4、图 2-5）

图 2-4　以珊瑚、绿松石等装饰的胡琴

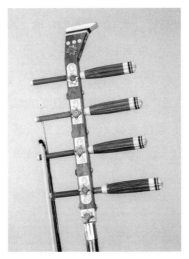
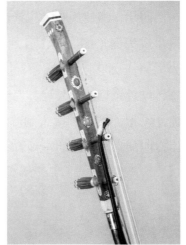

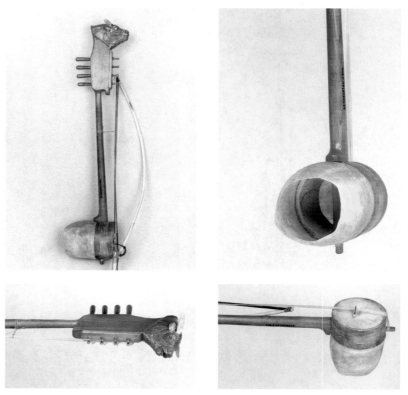

图 2-5　牛头四胡

　　四胡，常使用红木、紫檀木制作，琴筒多呈八方形，以蟒皮或牛皮为面（图 2-6、图 2-7），弦轴和轴孔无锥度，利用弦的张力紧压轴孔以固定，有的还在琴杆、琴筒上镶嵌螺钿花纹为饰，细竹系马尾为琴弓，弓杆中部包以长 10 厘米铜皮或镶钢片、象牙，根部装骨制或木制旋钮。张丝弦或钢丝弦。有低音四胡、中音四胡和高音四胡三种。（图 2-8、图 2-9）

图 2-6 蟒蒙皮

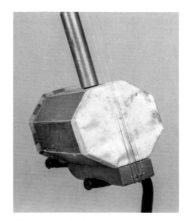

图 2-7 牛皮蒙皮

图 2-8 形制各异的四胡

图 2-9 艺术家巴音宝力高在演奏四胡

三、胡琴

胡琴是弓拉弦鸣乐器，蒙古族称其为"西纳干胡尔"，意为勺子琴，简称西胡。汉语直译为勺形胡琴，也称马尾胡琴。其历史悠久，形制独特，音色柔和浑厚，富有草原风味。可用于独奏、合奏或伴奏。流行于内蒙古自治区各地，尤以东部科尔沁、昭乌达盟一带和蒙古国科布多省最为盛行。

早在宋代初期，我国北方蒙古族人民就在火不思、忽雷等弹弦乐器的基础上，制成了弓拉弦鸣乐器胡琴，蒙古族人民称其为"胡兀尔""忽兀儿"。与奚琴类型的拉弦乐器在形制和奏法上完全不同，这是一种两根弦、弓在弦外拉奏的胡琴，是宋代拨弦乐器火不思向拉弦乐器变革的产物。早在成吉思汗时代，胡琴已在宫廷和民间流行。1240年成书的《蒙古秘史》中载有：1204年，王罕去世后，乃蛮部塔阳汗之母古儿别速命人断其首来，置于白毡上，使众媳行妇礼、献酒，奏胡兀尔祭祀之。其奏乐一词便写作"忽兀儿答兀勒周"。"忽兀儿"这一词根，就是蒙古语中的胡琴。宫廷中使用的胡琴通常雕刻龙首装饰。《元史·礼乐志》（卷七十一）述其形制云："胡琴，制如火不思，卷颈，龙首，二弦，用弓捩之，弓之弦以马尾。"元代之时，胡琴不仅在宴乐中用于独奏或合奏，还广泛地用于军队的演奏活动中。清代《皇朝礼器图式》（卷九）载："胡琴，蒙古乐器。"并附有其图（图2-10）。《清史稿》载："胡琴，刳桐为质，二弦，龙

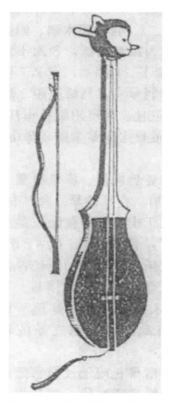

图2-10 《皇朝礼器图式》中的胡琴

首，方柄。槽椭而下锐，冒以革。槽外设木如簪头以扣弦，龙首下为山口，凿空纳弦，绾以两轴，左右各一，以木系马尾八十一茎轧之。"这里将胡琴的形制详尽地记载下来。这是一种共鸣箱似火不思、呈勺形，两肩有棱角，单面张皮，二弦如忽雷，用直杆马尾弓（弓毛不张紧）在弦外拉奏的乐器。[①]

① 乐声：《中华乐器大典》，文化艺术出版社 2015 年版。

四、叶克勒

叶克勒，弓拉弦鸣乐器。又称叶尔克勒、易革勒、叶革勒。音色明亮，用于独奏自娱或为民间歌舞伴奏。流行于新疆阿勒泰地区布尔津县、内蒙古自治区阿拉善盟额济纳旗、蒙古国科布多省和俄罗斯图瓦共和国等。

在新疆布尔津县，阿尔泰山深处的喀纳斯湖区，生活着大约 2000 名图瓦人。图瓦人是晚清《新疆图志》所载的"乌梁海"人，他们世代以放牧、狩猎为生，居住在深山密林，沿袭着传统的生活方式。有学者认为，图瓦人是成吉思汗西征时遗留的士兵的后裔；也有人认为，他们的祖先是 500 年前从西伯利亚迁徙而来的，与现今俄罗斯图瓦共和国的图瓦蒙古人同一个血统。图瓦人至今保存着 1918 年民国政府颁发的"乌梁海左翼左旗札萨克"银印。图瓦人穿蒙古长袍、长靴；居住的木屋用松木垒砌，有尖尖的斜顶；以奶制品、牛羊肉和面食为主要食品，常喝奶茶和奶酒；在每年一度的"敖包节"中，举行赛马、射箭、摔跤等竞技活动。图瓦人信奉萨满教和喇嘛教，每年都要举行祭山、祭天、祭湖、祭树、祭火、祭敖包等宗教祭祀仪式。在一些祭祀活动中，叶克勒是主要的伴奏乐器。

传统的叶克勒，琴体用一整块原木制作，经过人工的砍、挖、刮、磨完成。琴箱与生活中用的碗相似，椭圆形，正面蒙以狼皮、牛犊皮或其他兽皮。琴头呈方柱形，表面无装饰，两

图 2-11　叶克勒

侧各有一弦轴。琴颈较长，正面为按弦指板，琴颈上无品位，张两束马尾为琴弦，琴弓如弓箭，弓杆木制，以马尾为弓毛。（图 2-11）

现在的叶克勒，琴身木制，多用当地所产红松木制作，全长 98 厘米。共鸣箱由挖成倒置的半梨状整木制成，其上蒙以松木薄板或鱼皮。琴箱纵长 35 厘米，中宽 16 厘米。琴头有雕饰或呈扁方柱形，下开长方形弦槽，两侧各置一轴。弦轴硬木制，圆锥形。琴杆细长，上窄下宽，前平后圆，正面为按弦指板，不设品位，琴面中部置木制桥形琴码。张两弦，多为两束粗细不同的马尾弦。琴弦下端系于缚弦上。琴弓用细木棍弯曲呈半圆形作杆，两端拴以一束马尾而成，弓长 58 厘米。两弦为四度关系，分别为小字一组的 e 音和小字一组的 a 音，音域为小字一组的 e 到小字二组的 g 音。用马尾弓摩擦马尾弦发声，声音粗犷，音色明亮。无名指常与食指配合作三、四度打指演奏。叶克勒

多以双弦和音及快速演奏见长。在民间，叶克勒多用于女性独奏自娱或在传统节日里为民间歌舞伴奏[1]。（图2-12）[2]

① 乐声：《中华乐器大典》，文化艺术出版社 2015 年版。

② http://tt. cssn.cn/djch/djch_djchhg/jiekaiqianguyueshizhimi/201402/t20140221_969923.shtml

五、潮尔

潮尔，又称"西那干潮尔"（意为音箱呈勺形的琴），蒙古族弓拉弦鸣乐器。可用于独奏、合奏或为歌舞、说唱伴奏。流行于我国内蒙古自治区东部的兴安盟、通辽、赤峰和西部的巴彦淖尔、阿拉善等地以及俄罗斯图瓦共和国、蒙古国西部兀良亥等。

在内蒙古东部科尔沁地区，流传着一个故事：很早以前，有一位心地善良的牧民，拿着勺子去舀水，一不留心手中的勺子掉在了地上，发出了一种很好听的声音，于是他从中受到启发，就将木料剜空做成了一把琴。此后，这种拉弦乐器便在蒙古的草原上和毡房里流传开来。

潮尔（图2-13）由共鸣箱、琴头、琴杆、弦轴、山口、琴码、琴弦和琴弓等部件构成，用硬杂木制作，共鸣箱上宽下窄，

图 2-12　民间艺人在演奏叶克勒

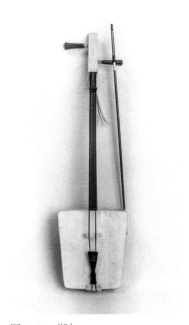

图 2-13　潮尔

式样有倒梯形、铲子长方形、椭圆形、瓢形等，一面或双面蒙羊皮或马皮。出音孔为圆形，开在后面中部，张两束马尾弦。琴码较高，有将蒙古刀插于弦下，可以调节音色音量。琴头无头饰或雕有螭首、马双头等多种。二弦从螭口中穿入弦轴，木杆拴马尾为弓。音色浑厚、柔美。几个世纪以来，潮尔流传于蒙古族聚居的草原或乡村，多为牧人或民间艺人就地取材，自制自用，故材料选择、琴的规格尺寸和工艺水平参差不齐。

演奏潮尔时，奏者席地盘腿，将琴触地或置于左侧怀中。左手食指、中指、无名指指腹按弦，拇指左侧触里弦，右手拇指、食指虎口处持弓柄，其余三指推拉弓毛、控制弓的张力。潮尔擅奏八度、五度、四度、三度和音，泛音和带空弦的双音，常用上下滑奏和打弦等技法。

潮尔早期主要用于自拉自唱，是演唱英雄传奇、民间故事及叙事长诗的主要伴奏乐器。现今常用于演奏传统民歌曲调改编的独奏曲。潮尔和牧民的生产生活有密切关系，相传在产羔季节，母驼、母羊不给幼畜喂奶时，牧人便用潮尔演奏乐曲，声音深沉哀伤，母畜为之所动，就会乖乖给幼畜喂奶。①

① 袁炳昌、毛继增：《中国少数民族乐器志》，新世界出版社 1986 年版。

六、马头琴

马头琴是弓拉弦鸣乐器。又称莫林胡尔、胡琴、马尾胡琴、弓弦胡琴，因琴头雕饰马头而得名。流行于内蒙古、辽宁、吉林、黑龙江、甘肃、新疆等地。由唐、宋时期拉弦乐器奚琴发展演变而来，成吉思汗时期已流传民间。《大清会典图式》和《大清会典事例·乐部》记载："本朝定制燕飨笳吹乐胡琴，刳木为髹，以金漆龙首，方柄，槽椭而锐，冒以革，后有棱，二弦。"

马头琴（图2-14）由共鸣箱、琴冠、琴杆、弦轴、琴码、琴

弦和琴弓等部件组成，张
两根弦。演奏时，共鸣箱
斜置于身前，左手持琴
杆，琴头斜向左肩将音箱
夹于两腿间，右手持弓演
奏。二十世纪五六十年代，
演奏家桑都仍、乐器制作
技师张纯华对马头琴进行
了改良，开马头琴改革先
河。之后齐·宝力高、布
林巴雅尔、达日玛等大
师，从制作工艺、选材、
音域、音色及演奏技艺技
巧等诸多方面对马头琴进

图 2-14　马头琴

行突破性改进。（图 2-15）这些开拓性工作，为马头琴形制、定
调、演奏法的统一与规范发展制定标准，实现了马头琴的现代化
发展。

　　各代马头琴民间乐手和演奏家为马头琴艺术的发展做出自
己的贡献，蒙古国有洛布桑、扎米扬、巴图楚伦等马头琴艺术
大师；中国内蒙古自治区有色拉西、巴拉贡、桑都仍、布林巴
雅尔、齐·宝力高、达日玛等艺术家。20 世纪 80、90 年代以
来，几代艺术家孜孜以求，将马头琴艺术推向新的巅峰。1989
年 6 月 20 日，在内蒙古自治区首府呼和浩特成立了"中国马头
琴学会"，齐·宝力高任会长。学会的成立在马头琴艺术发展
史具有开拓性意义，为马头琴艺术的发展添上浓墨重彩的一笔。
1990 年，10 多位青年艺术家组建了首支马头琴乐队——"野马
马头琴乐队"，开启了马头琴群体演奏的先例。1996 年 7 月 1 日，

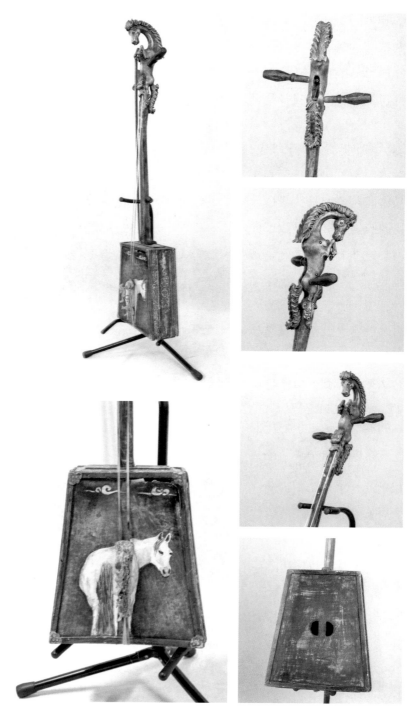

图 2-15　马头琴及其细节

"全国首届色拉西马头琴大奖赛"在呼和浩特成功举办，全国各地的马头琴选手用高超的技艺集中展示了马头琴各异的流派风格；赛后的"千人马头琴演奏"更是一鸣惊人，创下"吉尼斯世界纪录"。2005年，齐·宝力高率"齐·宝力高野马马头琴乐团"来到维也纳金色大厅，让世界领略了中国蒙古族草原音乐的独特艺术魅力，为世界人民了解中国文化搭建了桥梁。

七、琵琶

琵琶（图2-16）是拨弦乐器，历史悠久，形制古朴，音色清脆。曾用于古代军中、宫廷乐队和歌舞伴奏。流行于内蒙古、新疆、辽宁、吉林、黑龙江、河北等省区以及蒙古国。早在13世纪初，成吉思汗亲率大军追击花剌子模①算端②扎兰丁，直抵印度河畔时，有记载称："酒瓶喉中哽咽，琵琶和三弦在合奏。"由此可见，成吉思汗的随军乐队中就使用了琵琶。《历代旧闻》载："倒喇传新曲，瓯灯舞更轻，筝琶齐入破，金铁作边声。"倒喇戏是元代以歌为主的歌舞形式，元代专门为《十六天魔舞》伴奏的宫廷女子乐队，其中也在使用琵琶。琵琶还用于明代的蒙古族音乐中，1450年，新疆瓦剌部也先太师招待明使李实时，"宰马备酒相待，令十余人弹琵琶，吹笛儿，按拍歌唱欢笑"。明英宗在瓦剌充当人质期间，明朝曾向也先太师赠送过精美的花梨木琵琶。在当时的瓦剌部蒙古族乐师中，还不乏善弹琵琶之高手。到了清代，琵琶用于宫廷的蒙古族番部合奏乐中，并且只有一个席位。

① 位于中亚西部，在今乌兹别克斯坦及土库曼斯坦两国的土地上。
② 古代中亚地区的一种封号，通常授予地方统治者，类似于中国的"王"。

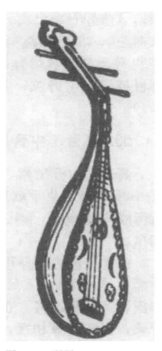

图 2-16　琵琶

琵琶共鸣箱呈半梨形，是用一整块紫檀木或红木等硬质木料先挖出瓢形腹腔，在其上蒙以桐木薄板而成。琵琶琴头较长，多呈凤尾形，四十五度斜向后方，中间开长方形弦槽，两侧横置左右各二的弦轴。琴颈较细，正面设有四相，相用硬木制作，从端面看呈圆弧形。面板的上方设有十三个竹制品位，下方粘有用老竹或硬木制成的缚弦。面板中部两侧各开有一个弯月形对称音孔。音孔的上下和面板四周边缘均绘富有民族风格的云形图案。张四条丝弦。[①]

① 乐声：《中华乐器大典》，文化艺术出版社 2015 年版。

八、火不思

火不思为拨弦乐器。曾译名虎拨思、琥珀词、好比斯、和必斯、胡不思、胡拨、阔比斯等（均为蒙语"琴"的音译），民间称其为胡不儿或浑不似。流行于内蒙古自治区、新疆维吾尔自治区、河北省和甘肃省北部等地以及蒙古国。

火不思历史悠久，出现于公元前 1 世纪初，是我国古代北方游牧民族人民共同创制的一种拨弦乐器，关于火不思，民间流传着这样一个美丽的传说：西汉元帝时，南郡秭归（今属湖北）王昭君被选入宫，汉元帝竟宁元年前，匈奴王呼韩邪单于来到长安朝见汉皇，汉元帝以礼相待，呼韩邪单于表示"愿婿汉氏以自亲"，永结友好。王昭君自愿嫁到匈奴，汉元帝遂以昭君相许，呼韩邪单于封昭君为"宁胡阏氏"。王昭君去匈奴路上，曾在马上弹奏琵琶。她的故事，成为后世诗词、小说、戏曲和说唱等的流行题材，也有王昭君马上弹琵琶图。在匈奴期间，王昭君所弹的琵琶深为胡人珍视，并模仿制作了新的乐器，但粗陋又不相像，便有了"浑不似"之名。宋代俞琰的《席上腐谈》记载此事写道："王昭君琵琶坏肆，胡人重造，而其形小，昭君笑曰'浑不似'，今讹为和必斯。"宋代陶宗仪《辍耕录》载："达达乐器有浑不似。"火不思的图像，最早见于唐代古画中。1905年，在新疆吐鲁番以西的招哈和屯（古代高昌地区），发掘了9世纪初的唐代高昌古画，画中"一儿童抱弹长颈、勺形、四弦轴并列一侧的弹拨乐器"。在唐宋时期，火不思已流行于我国西北广大地区。新疆柯尔克孜族的考姆兹和云南纳西族的苏古笃，在形制上与火不思相近，发音也相似，属同一渊源。

火不思的记载，始见于元代史籍。《元史·礼乐志》（卷七十一）："火不思，制如琵琶，直颈，无品，有小槽，圆腹如半瓶，以皮为面，四弦皮绊，同一孤柱。"《事物异名录·琵琶》载："元志，天乐一部有火不思，制如琵琶，今山、陕、中州弹琥珀词，盖'火不思'之转语也。"这种乐器在元代时已被列入国乐，是经常在宫廷盛大宴会或王室内宴上演奏的乐器。后来广泛流传和盛行于中原，在山西、陕西、河南一带，为人民喜闻乐见。

到了明朝，许多风俗习惯，如演武中的"射柳"、礼节中的官民相见礼等被传承下来，此时火不思已进入宫廷，15世纪中叶，蒙古瓦剌部强盛，朝廷赠送给瓦剌可汗的礼物中就有火不思。在明英宗正统十四年（1449年）的"土木之变"中，掳获英宗的瓦剌太师也先特别擅长音乐，他宰马设宴，先向英宗奉上皇酒，然后亲自弹奏火不思并唱歌，还命令身旁的蒙古族人一起合唱，这在《明英宗实录》中曾有记载。明代沈德符《万历野获编》

有："今乐器中，有四弦长颈圆鼙者，北人最善弹之，俗名琥珀词，本虏中马上所弹者。"

在北京中国艺术研究院的中国乐器博物馆里，珍藏有通体用红木制成的明代传世火不思（图 2-17），全长 83.5 厘米、腹宽 12.5 厘米，共鸣箱呈半葫芦形，下半部蒙以蟒皮，琴首平顶无饰，弦槽后开，左侧横置四轸，颈细而长，表面平滑无品，竹制琴码，张四条丝弦，琴背通体雕刻精美花纹。此琴工艺细腻，外表美观，堪称精品，有着乐器鉴赏和艺术品收藏双重价值，已被载入中国艺术研究院音乐研究所研究员刘东升先生主编的《中国乐器图鉴》大型画册中。[1] 清朝把蒙古族音乐列为国乐之一，除

① 刘东升主编：《中国乐器图鉴》，山东教育出版社 1992 年版，第 176 页。

图 2-17　明代火不思

在欢宴蒙古王公时演奏外，每逢正月初一、正月十五大朝会和木兰行围时都要演奏。《大清会典》图注述其形制："火不思，四弦，似琵琶而瘦，桐柄梨槽，半冒鳞皮，柄下腹上有棱，如芦节，通长二尺七寸三分一厘一毫。"《清朝续文献通·考乐考》中也有："火不思，制如琵琶，直颈无品，以皮为面。"此时的火不思，是蒙古乐番部合奏乐器之一。《大清会典·乐部·若燕乐番部合奏》有："用云璈、箫、笛、管、笙、胡琴、琵琶、三弦、月琴、二弦、轧筝、火不思、拍板等。"清代陕西梆子（又称西调）曾使用火不思为伴奏乐器。民国内蒙古东部略喇沁王府乐队中，都在使用火不思。火不思还用于民间器乐合奏，在河北省易县东韩村的十番会中，至今仍演奏火不思。传统的火不思，形似饭勺，琴杆较长，共鸣箱较小蒙有皮膜。（图 2-18、图 2-19）

北京中国音乐学院教授杨大钧先生珍藏有一把传世火不思精品：通体用硬木制成，全长 80 厘米、腹宽 10.8 厘米，共鸣箱蒙

图 2-18　火不思

以蟒皮，上方嵌有骨花和螺钿花纹，琴首平顶，正面镶嵌螺钿梅花，弦槽后开，左侧横置四个瓜菱形琴轸，琴颈细长，共鸣箱背部雕刻有精美纹饰，此琴约为清代初期制品，照片已被载入《中国乐器图鉴》大型画册中。北京中国艺术研究院中国乐器博物馆还收藏有清代火不思四把，它们多来自艺术界人士捐赠，其中有梅兰芳先生藏品两件，程砚秋先生藏品一件，形制大同小异，但都各具特色。我国著名京剧表演艺术家梅兰芳先生捐赠的梨木火不思，全长 74 厘米、腹宽 10.5 厘米，共鸣箱蒙蟒皮，提琴式琴轸分列琴首两侧，左右各二，弦槽前开、有盖，骨制山口，张四弦。梅先生捐赠的另一把火不思为柴木制，全长 72.5 厘米、腹宽 10.3 厘米，共鸣箱蒙以小鳞蟒皮，琴轸形式和安置方位同前，弦槽前开、有盖，骨制山口，琴背通体髹以红色底漆，其上绘有金色双龙纹饰。我国著名京剧表演艺术家程砚秋先生捐赠的火不思通体用老红木制成，全长 84 厘米、腹宽 10.5 厘米，共鸣箱上部红木为面，中间开一圆形音孔，下部蒙以小蟒皮，琴首后弯，左侧置四个象牙琴轸，弦槽前开、蒙象牙盖板，象牙山口，张四条丝弦，制作精细，小巧玲珑，为清代制品中的佼佼者。还有一把购自著名琴家郑颖荪的火不思，柴木制，全长 84.5 厘米、腹宽 13 厘米，共鸣箱上部蒙桐木面，下部蒙蟒皮，左置四花梨木轸，轸顶嵌骨花，琴颈缠有七道丝弦品，张四条丝弦，通体髹以黑漆，背部饰有云纹及金漆双龙戏珠图。

图 2-19　火不思

九、新型火不思

新型火不思是拨弦乐器新品种，流行于内蒙古自治区。中华人民共和国成立后，国家很重视民族音乐遗产的继承和发掘工作，火不思重获新生。1976年，呼和浩特市民族乐器厂制琴师段廷俊与内蒙古歌舞团、内蒙古直属乌兰牧骑的音乐工作者高·青格勒图、拉苏荣等人合作，在传统火不思的基础上制作成功新型火不思（图2-20）。乐器造型设计符合蒙古民族的传统习惯，富有鲜明的民族特色。琴首顶端犹如箭筒，其上雕出一张搭箭的满弓，琴头左侧并列的四个琴轸，形如四根箭翎。共鸣箱呈扁葫芦状，内腔较传统的音箱增大近两倍，不再采用硬木为背、面部蒙皮的传统工艺，改为全木制的共鸣箱，选用质松纹细的桐木薄板作为面板，背板和框板则使用质地较硬的色木制作，面、背板中部都作拱形凸起，由于采取了提琴制作工艺的径切、对拼，背板呈现出美丽的髓线纹理，犹如放射状光芒。在音箱的边缘部分，绘有蒙古族人民喜爱的花边饰缘。面板中下部两侧，开有民族图案云朵形的音孔。吸收某些弦乐器的设计，在音箱中增加了音梁，使发音集中，音响洪亮、浑厚，音色优美。为演奏和携带方便，缩短了琴杆，在琴颈上增设了红木指板。为发挥演奏、伴奏中的民族特色，在指板上粘有24—26个骨制音品，品上嵌有铜制品峰，音品按十二平均律排列。琴轸系弦的一端，采用可微调

图2-20 新型火不思

的齿轮铜轴，张四条尼龙钢丝弦。已制成系列火不思，有高音、中音、低音三种形制，四条琴弦都按五度关系定弦，低音火不思为：c、g、d¹、a¹，中音火不思比低音火不思高一个八度，高音比中音火不思高一个八度，总音域达四个八度。在 1980 年全国少数民族文艺会演中，高·青格勒图用新型火不思演奏了蒙古族传统乐曲，受到听众的欢迎和好评。这一成功之作，亦被载入《中国乐器图鉴》大型画册中。

演奏时，奏者可坐奏或立奏，将琴身横于体前，琴首斜向左上方，共鸣箱置于右腿近腹处或夹于右腋下，左手持琴，食指、中指、无名指、小指均可按弦。（图 2-21）其指法有弹、挑、双弹、双挑、拂、扫、分扫、滚、敲、打、连扫等，可弹双音或第3、4 弦上的和声。这种新型火不思，发音清晰、明亮，音响圆润、

图 2-21　艺术家在演奏新型火不思

图 2-22　火不思（左）与新型火不思（右）

淳厚，音色柔和、优美，富有辽阔草原之情调。可用于弹唱、独奏、合奏或为歌舞伴奏。独奏乐曲有《阿斯尔》《森吉德玛》《小黄马》《黄旗阿斯尔》等。（图 2-22）

　　著名的火不思演奏家高·青格勒图先生，1933 年生，内蒙古镶黄旗人，蒙古族，他也是民族乐器改革家，内蒙古艺术研究所研究员。1950 年任内蒙古察哈尔盟文化队小提琴演奏员，1953 年任内蒙古歌舞团小提琴、三弦演奏员。1976 年任内蒙古歌舞团火不思演奏员。1982 年在内蒙古艺术研究所从事民族音乐研究工作。1976 年中央人民广播电台录制播放了《阿其图》《阿斯尔》等 10 余首蒙古族独奏曲，让失传已久的蒙古族古乐器火不思得到了新生，1989 年高·青格勒图获文化部科技进步四等奖。先生培养火不思演奏员百余名，部分学生成为专业演奏家。1993 年，研制成功蒙古族拨弦乐器苏勒德，在北京通过科学鉴定。发表有《关于蒙古族古典器乐曲》《阿斯尔》《马头琴》《三弦》《火不思》等 10 余篇论文。出版有专著《火不思演奏教材》。[①]

① 乐声：《中华乐器大典》，文化艺术出版社 2015 年版。

十、忽雷

忽雷，是古老的弹拨弦鸣乐器，因其发音忽忽若雷而得名。有学者认为忽雷是蒙古语胡尔的讹音，是火不思的变异。忽雷又称龙首琵琶或二弦琵琶，民间流传甚少。北京故宫博物院收藏有唐代制作的大、小忽雷各一把，被誉为稀世珍宝，是我国现存年代最早的古代乐器之一。

忽雷是唐代出现的琵琶类型的拨弦乐器。早在 4 世纪印度西部的阿旃陀壁画中，已有了琴身呈棒状、梨形的琵琶。汉魏以来，西域乐人通过"丝绸之路"奔赴中原献艺定居，带来了经龟兹传入的西域曲项琵琶。存于北京故宫博物院的大、小忽雷是唐代音乐家韩滉参考西域曲项琵琶的形式创制而成的二弦乐器，和南诏的龙首琵琶较为近似。

据晚唐段安节《乐府杂录》和北宋钱易《南部新书》所载，建中元年（780 年），唐德宗李适登基，当朝宰相（一说为镇海节度使）韩滉出使四川，于骆谷偶得一坚实、贵重之奇木，请名匠制成二琴，名为大、小忽雷，奉献皇帝李适。《南部新书》中有详细记载："韩晋公（韩滉）在朝，奉使入蜀。至骆谷（今陕西省咸阳市周至县西南），山椒巨树，耸茂可爱，乌鸟之声皆异。下马以探弓射其颠杪，柯坠于下，响震山谷，有金石之韵。使还，戒县尹募樵夫伐之，取其干，载以归。召良匠斫之，亦不知其名。坚致如紫石，复金色线交结其间。匠曰：'为胡琴槽，他木不可并。'遂为二琴，名大者曰'大忽雷'，小者曰'小忽雷'。因便殿德皇言乐，（滉）遂献大忽雷，及禁中所有，小忽雷在亲仁坊里。"

清康熙三十年（1691 年）时，清代著名诗人孔尚任（号岸堂、东塘，1648—1718）偶然在北京的集市上发现一把小忽雷。

因所带纹银不足，遂脱下衣服典当，凑足银两方得。孔尚任是孔子第 64 代孙，其戏曲剧本《桃花扇》流传于世。孔氏获小忽雷后，历时三载为其做了一番考证，并与当时著名作家顾彩合作编成一部传奇剧《小忽雷传奇》。孔尚任对当时的琵琶名家樊襚（关东人）大为称颂，他在《小忽雷传奇》卷首写道："郓城樊花坡（即樊襚），弹琵琶得神解。偶示以小忽雷，人手抚弄，如逢故物。自制商调《梧桐雨》《霜砧》二曲，碎拨零挑，触人秋思。"清初诗人查嗣琛在《孔东塘座上听关东客弹小忽雷》中写道："凉州护索响偏骄，忽坠游丝转绿腰。破柱惊雷呼客醒，满堂风雨正萧萧。"孔尚任自己也作有五绝两首，分别刻在小忽雷的两个象牙琴轸上。下轸首咏为："古塞春风远，空营夜月高。将军多少恨，须是问檀槽。"上轸次咏为："中丞唐女部，手底旧双弦。内府歌筵罢，凄凉九百年。"

20 世纪 50 年代初，国家文物部门从民间收购到这件流传千余年的古代乐器小忽雷，调拨给北京故宫博物院收藏。珍藏于北京故宫的唐代大忽雷（图 2-23），用整块的紫色桫椤檀木制作而成，琴身全长 89 厘米、腹宽 20.5 厘米。琴的下半部雕出椭圆形的腹腔，上面蒙以蟒皮，形成半梨形的共鸣箱。琴的上部为细而长的琴颈，正面为按弦指板，不设品位。琴颈以上雕刻成龙头形状，呈突目张口状，神态较为生动。琴首两侧各置一檀木琴轸，表面均刻直条瓣纹，轸顶镶有骨饰。两条丝弦从颔下弦孔中穿出，通过山口和琴马，

图 2-23 唐代大忽雷[1]

① 图片来源：刘东升主编《中国乐器图鉴》，山东教育出版社 1992 年版，第 174 页。

图 2-24　唐代小忽雷[1]

①图片来源：刘东升主编《中国乐器图鉴》，山东教育出版社 1992 年版，第 174 页。

系于琴背下端的象牙制尾柱上。琴颈正面的山口下方，刻有篆书"大忽雷"三字，字下的琴颈表面镶有一段象牙片，下面接有一截碧玉片。琴首外饰金漆，琴背除施以朱漆外，还有彩绘描金双凤图饰。制作工艺精致细腻，外表粗犷美观，堪称传世佳作。

珍藏于北京故宫的唐代小忽雷（图 2-24），琴身全长 45 厘米、腹宽 16 厘米，由整块硬木制作而成。当时匠师不知其名的树干，经后人考其忽雷，认为是"桫椤檀木"，大概是今日民族乐器制作师俗称的紫檀木。琴的下部为椭圆形的腹腔，其上蒙以蟒皮，形成半梨形的共鸣箱。琴的上部为上窄下宽的琴颈，不设品位，正下方开有一个扁长形的出音孔，琴头的顶端，雕刻着极为精致的龙头，在龙口里还含着一粒活动的小圆珠。琴头曲项的左侧，装有两个用象牙制作的琴轸，轸柄呈六方锥形体，轸梢各系丝弦一条，弦下置琴码。琴颈正面的山口下方，刻有篆书银嵌"小忽雷"三字，琴颈背面刻有"臣滉手制恭献建中辛酉春"楷书十一字。韩滉（723—787）是唐代有名的画家，画有著名的《文苑图》《五牛图》，他同时也是一位音乐家，酷爱弹奏七弦琴。建中辛酉是唐德宗李适当皇帝的第二年，即 781 年。

清末民初，民间制作小忽雷渐多。据刘世珩之孙刘重光先生回忆："早年曾交匠人仿造小忽雷两把，琴上均镌有'仿制'两字，以便识别。"20 世纪 30 年代，上海著名的民族音乐团体大同乐会，为了提倡和发展民族音乐事业，在会长郑觐文的倡导下，制作了我国古今各类乐器，由缪金林、罗松泉等大师直接参与设计制作，其中就有一件小忽雷，形制与唐制忽雷有显著不同，共鸣箱呈扁圆形，其上蒙以蟒皮，琴杆修长，琴首为方柱形，平顶，不加饰，张两弦，外观与三弦有些相像。这把小忽雷曾参加了当时乐会组织的乐队合奏。遗憾的是，这把小忽雷因战火之乱未能流传到今天。但这种形制的忽雷至今仍在江浙一带流传，用香红木制作，用于江南丝竹等器乐演奏。①

① 乐声：《中华乐器大典》，文化艺术出版社 2015 年版。

十一、三弦

三弦（又称弦子）是我国蒙古族、满族、汉族常用的弹弦乐器。一般多认为由秦代（公元前 246—公元前 207）的"弦鼗"（在有柄的鼗鼓上系弦弹奏）演变而来。唐代崔令钦《教坊记》中有三弦之名："平人女以容色选入内者，教习琵琶、三弦、箜篌、筝等者，谓之搊弹家"，但其形制不详。近年来发现有辽宋金元时期三弦的演奏图像，如：北京房山云居寺辽代砖石塔上有三弦伎乐石雕像（约 937 年以后）；河南焦作市西冯封金墓出土演奏三弦乐俑；四川广元罗家桥一、二号墓南宋伎乐石雕中的演奏三弦图像，此墓年代在南宋淳熙年间（1174—1190）或稍晚；辽宁凌源富家屯元墓壁画中的演奏三弦图像等。明代以后，文献记载渐多。明蒋克谦《琴书大全》卷五"历代琴式"中载有"锨琴"："锨琴者，状如锨蒲，正方，铁为腔，两面用皮，三弦。十伎抱琴如抱阮，列坐毯上，善渤海之乐云。"锨琴与今日三弦形制相似。

现代三弦琴杆用樟木，楠木、楸木或沙榆制成半圆形柱状体，正面有平滑的红木、紫檀、乌木或花梨木指板。形制构造简单，分为琴头、琴杆和琴鼓三部分，由琴头、弦轴、山口、琴杆、鼓框、皮膜、琴码和琴弦等组成。上端是琴头并有山口，琴头多为铲形，上嵌骨花或有雕饰，中间设弦槽。音箱又称琴鼓、

图 2-25　三弦

鼓子或鼓头，用红木、紫檀制，鼓框椭圆形，两面蒙蟒皮。三轴，分别张子弦、中弦、老弦。近年用尼龙钢丝弦。内、外弦定为八度，内、中弦定为四或五度，音域约三个八度。（图 2-25）

　　传统三弦有大小两种。小三弦又称曲弦，因为昆曲伴奏而得名。流行于南方，故也称南弦。全长 96 厘米、琴鼓长 15.7 厘米、宽 13.9 厘米、高 7 厘米。属高音乐器。常用定弦 A、d、a，或 d、a、d¹。传统三弦多用于南方评弹等说唱和昆曲、京剧、豫剧伴奏，江南丝竹、十番鼓、十番锣鼓等器乐合奏；大三弦又称大鼓三弦、书弦，因伴奏大鼓书得名。流行于北方，全长 122 厘米、琴鼓长 22.8 厘米、宽 20.5 厘米、高 9 厘米。属中音乐器，常用定弦 G、d、g。用于北方单弦、大鼓书等说唱和曲剧、吕剧伴

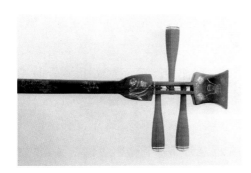

图 2-26　三弦琴头、琴箱

奏，器乐合奏、独奏。在曲艺伴奏中居主要地位。（图 2-26）演
奏时，琴鼓置于右腿上，琴头斜向左上方，左手按弦，右手指弹
弦或用拨子弹奏。右手有弹、挑、滚、撮、分、划等指法，左手
有绰、注、打、吟、单滑、滚滑等技巧。传统独奏曲目有《合欢
令》《海青拿鹅》《柳摇金》等。[1]

① 图片来源：刘东升主编
《中国乐器图鉴》，山东教育
出版社 1992 年版。

十二、四弦

四弦（图 2-27）为弹弦乐器，又称月琴。蒙古语称毕瓦里
克，云南蒙古族称伊琴。形制多样，造型独特。用于器乐合奏或
民间歌舞伴奏，流行于内蒙古自治区东部地区和云南省通海县。

② 图片来源：刘东升主编
《中国乐器图鉴》，山东教育
出版社 1992 年版，第 174 页。

图 2-27　四弦 [2]

流行于内蒙古东部地区的四弦，琴体木制，全长 70 厘米左右。四弦共鸣箱多呈扁状，有方形、八角形、椭圆形、心形、六瓣或八瓣梅花形。琴箱由框板、面板和背板胶合而成，面板中部两侧设有 2 个对称的弯月形出音孔或 2 个圆形音窗，琴头后弯，中间开有弦槽，两侧各置 2 轴，弦轴木制，圆锥形。琴头顶端多为鱼尾形、菱形或云卷形等木制镂雕装饰。琴箱纵长 14—16 厘米、横宽 16—20 厘米、厚度 4—6 厘米。琴杆较长，上窄下宽，前平后圆，正面为按弦指板，表面不设品位。面板中部置木制桥型琴码，张 4 条丝弦。音色清脆明亮。可用于独奏、合奏或歌舞伴奏。清代《律吕正义·后编》载，清代宴飨乐蒙古番部合奏乐中使用的月琴就是四弦，它在 15 人的乐队中只占有一个席位。

流行于内蒙古西部地区的民间歌舞戏二人台也用四弦伴奏。这是一种在民歌对唱的基础上，发展为化妆表演并加进舞蹈动作的戏曲形式。原用于蒙古语唱词，后改汉词。用三弦、四弦和笛子伴奏，拍板击节，音调激扬，别具风格。[①]

① 乐声：《中华乐器大典》，文化艺术出版社 2015 年版。

十三、雅托噶

雅托噶（图 2-28）是弹拨弦鸣乐器，又称蒙古筝。流行于内蒙古自治区、辽宁省、吉林省蒙古族聚居区以及蒙古国。13 世纪初，蒙古人模仿古筝，创造出有特色的军中乐器。在元代的宫廷、军队和民间，普遍流传着十三弦筝和十四弦筝。《元史·礼乐志》中载有："宴乐之器，筝，如瑟，两头微垂，有柱，十三

图 2-28 雅托噶

弦。"南宋孟琪《蒙达备录》记述："国王（指木华黎）出师，亦以女乐随行，率十七八美女，极慧黠，多以十四弦筝弹《大官乐》等曲，拍手为节，其舞甚异。"元代著名诗人杨维桢不仅在《无题》中有"十二飞鸿锦上筝"的诗句，在《春夜乐》中还写有："双筝手语凤凰柱，弹得新声奉恩主。朝惺惺来梦妒妇，水远神仙吹海雨。"说明在当时已经有了用两张筝对弹的表演形式。明、清以来，在民间、王府或喇嘛寺院中流行的仍然是体积大小不一、弦数多少不等的雅托噶。《包头文物汇编》中记载：明朝末年在阿拉坦汗夏宫壁画《宴请奏乐图》中乐队女伎弹奏的是十二弦雅托噶。《清史稿》记载：清朝初期，在太宗（爱新觉罗·皇太极）俘获林丹汗全部宫廷乐器中有"唯设六弦"的雅托噶。军队多使用十四弦雅托噶，用于出征、战斗和凯旋等军事活动中；宫廷和王府常用十三弦雅托噶，用于迎宾、宴请和送往等礼仪活动中；喇嘛寺院和民间则用十二弦雅托噶，用于祭祀、诵经和民间盛大集会（那达慕）等宗教和喜庆活动中。据传，十三弦雅托噶代表着古代十三个蒙古部落和十三个官位。雅托噶的外形和结构虽与我国各地流行的古筝相似，但也具有其独特之处。内蒙古自治区的传统雅托噶，共鸣箱多用一整块厚桐木板挖制成槽形，长130—160厘米、宽26—28厘米，厚7厘米，上面蒙以桐木薄板，两端微下垂，也有的琴尾稍长。底板的左、右两端和中央，分别开有一个圆形或一字形的出音孔。通体髹深棕色漆，琴首、琴尾表面和琴箱四周镶嵌或描绘金龙图像或云卷图案。张以丝弦或肠衣弦，弦下设有柱马，柱马高5厘米，可移动以调节音高。有的雅托噶在琴尾还有长20厘米的折叠琴架。演奏时，多采用坐姿，奏者席地盘腿而坐，将琴体平置于奏者腿上，或将琴首置于奏者右腿上部，琴尾触地，也可将琴平置于木架或高台上。右手拇指、食指、中指戴骨制指甲拨子弹拨琴弦，左手以食指、中指为主，拇指、无名指为辅，按弦取音。右手有托、劈、勾、挑、抹、扣、轮、连托、连抹、双剔、双扣等指法；左手按弦有虚、实、空、滑、揉、颤、抹、点等技巧。左手食指也可戴骨制指甲与右手交替弹奏。牧区多不戴骨制指甲拨子弹奏。雅托噶发音洪亮，音色粗犷，可用于独奏、合奏或伴奏。著名雅托噶演奏家有王府乐手四代传人扎木苏、官布道尔吉和巴音满都等。扎木苏（1922—1997）是锡林郭勒盟雅托噶艺术流派的杰出代表和传人，也是雅托噶演奏艺术家之一。技艺纯熟，音色清澈，浑厚圆润，风格刚健豪放，形成了自己的艺术特色。著名的传统乐曲有《阿斯尔》和冠以锡林郭勒盟各旗名称的《阿斯尔》《荷英花》《阿其图》《八音》《高林掏海》和《春天里聚来的百鸟》等。据说《阿斯尔》乐曲在清代时还只是民歌的前奏或间奏曲，后经逐渐发展才演变为一套独奏乐曲。

十四、托布秀尔

托布秀尔是弹弦乐器，又作托甫秀尔、托不舒尔、陶不秀尔、图卜硕尔。蒙古语中"托布秀尔"意为敲的东西，其音色明亮，与蒙古族原生态艺术呼麦相伴而生，用于独奏、民歌和民间舞蹈伴奏，流行于新疆维吾尔自治区的博尔塔拉蒙古自治州温泉县、博乐市、精河县，伊犁哈萨克自治州尼勒克县，塔城地区布克赛尔蒙古自治县、内蒙古自治区和东北等地以及蒙古国。

生活在新疆维吾尔自治区的蒙古族人民，长期与哈萨克族、柯尔克孜族等族人民友好相处，不仅在生产经济上有密切联系，在文化艺术上也相互交流。蒙古族的弹弦乐器托布秀尔（图2-29），不但形制上与哈萨克族的阿肯冬不拉惟妙惟肖，在用料、制作、音色、演奏姿势和基本技法等方面也极为一致，可以说是同出一源。此外，托布秀尔与哈萨克族拉弦乐器库布孜和柯尔克孜族拉弦乐器克亚克也有着渊源关系，存在着较多的共同之处，所不同的是演奏方法有异。《清稗类钞》载："准噶尔部人民之俗，每日申刻，击鼓鸣铙，曰送日。其乐器，有雅托噶、托布秀尔等六器，为诵经应和所用。"

　　传统的托布秀尔，琴身用一整段松木制成，民间多选用生长于高山之巅、材质稍硬、纹理特殊的松木，琴全长 70—80 厘米。共鸣箱扁平，多呈上圆下方形，箱长 34 厘米、上圆最宽处 22 厘米、下宽 14 厘米，也有少数扁梯形（上两角漫圆），琴尾均为平底。是在半边原木一端挖凿出腹腔，过去蒙羊皮为面，现在多胶以柳木或松木薄板，面板的中部开有 1—3 个圆形音孔。琴头呈方柱形，长 9 厘米，平顶无饰，弦槽后开，正面下方开有两个

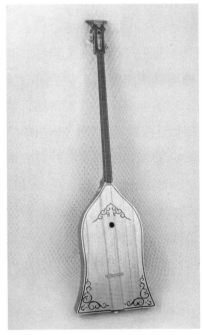

图 2-29　托布秀尔

弦孔，供穿弦使用。琴头两侧各置一个红柳木制 T 形弦轴。琴杆呈半圆形柱状体，长 37 厘米，前平后圆，上下等宽，正面为按弦指板，不设品位。面板音孔下方置有桥形琴码，张两条琴弦，过去多用山羊的肠衣弦，现在多用丝弦或尼龙弦。在琴箱的面板中央和四角部位，彩绘蒙古族图案花纹为饰。

20 世纪 70 年代，在新疆维吾尔自治区博尔塔拉蒙古自治州文工团的音乐工作者和内蒙古自治区呼和浩特民族乐器厂的乐器制作师共同努力下，在保持乐器原有外形特点的基础上，成功研制改革托布秀尔。琴身全长 89 厘米，由共鸣箱、琴头、琴杆、弦轴、琴码和琴弦等部分构成。共鸣箱扁平，上半部呈圆形，下半部上窄下宽，琴尾平底，琴箱长 38 厘米、上宽 22 厘米、中宽 16 厘米、下宽 22 厘米。琴箱由侧板、面板和背板胶合而成。侧板根据琴的轮廓多用 5 块色木薄板制作，浸湿后弯曲成所需弧度，在木制模具里将侧板内侧胶以松木衬条、琴角木、琴首木块和琴尾木块后制成琴框。背板多由对拼 2 块或数块色木、枫木等质地较硬的板材拼接胶合而成，面板则使用数块白松、云杉或桐木等质地较软的板材制成，琴框两面分别胶以面、背板而成琴箱。在琴箱上端琴首木块处，开有一个横向插入琴杆的凹槽，琴尾木块处开有一个圆形尾孔，以便装置尾柱。琴头和琴杆用核桃木或楸木制作。琴头上扁下方，长 11 厘米，上部较宽并向后稍弯，正面彩绘民族图案纹饰，下部中间开有通底弦槽，两侧设有左右各一两个弦轴，弦轴用红木或花梨木制成，呈提琴弦钮形。琴杆细而长，为半圆柱状体，长 40 厘米、上宽 2.2 厘米、下宽 3 厘米，前平后圆，上细下粗，上端设有红木制弦枕（山口），正面粘有一层红木制按弦指板，表面不设品位，琴杆下端横向嵌入琴箱上端的凹槽之中。面板上部中央开有一个圆形音孔，下方置有木制琴码，张两条钢丝尼龙弦。在琴箱面板的中央和四角，彩绘富有蒙古族风格的图案花纹，周边还嵌有黑白饰缘。

　　演奏托布秀尔时采用坐姿，将琴身斜横胸前，琴箱置于右腿上，左手持琴、五指均可用于按弦，右手用拇指上挑，其余四指下弹琴弦发音。托布秀尔的两条琴弦，常按四度音程关系定弦为：a、d¹，音域可达两个八度，实际演奏中常用音域为a—a¹。有时也根据乐曲的需要，按五度关系定弦为g、d¹。改良后的托布秀尔发音圆润、音色明亮，音量大而音响浑厚。演奏技巧繁多，右手有弹、双弹、拨、挑、双挑、勾、扫弹和阻弹等技巧，左手也有按、打、拨、勾等技巧，其中拇指勾弦和敲击面板最为多用。两手技巧常互相配合、交替运用，如右手弹出一音后，左手迅速打此弦上方大二度或小三度音位而获得颤音效果；在左手按、打弦的同时，右手拇指在面板上控制共鸣以及在食指弹弦的同时，无名指敲击面板，等等。常用一条外弦或里弦演奏旋律，另一条弦辅以三度、四度、五度或六度和音。演奏时一般不换把位，乐曲多为节奏型主题不断反复、变化发展而成，有时在一首乐曲中会采用多种奏法，技艺高超的乐手运用不同的奏法，可使同一首乐曲获得迥然各异的效果。托布秀尔既可以弹奏热情奔放的舞曲，又可演奏委婉抒情的旋律。常用于独奏、合奏或为民歌、民间舞蹈和史诗《江格尔》弹唱伴奏。《沙吾尔登》是新疆蒙古族最具代表性的民间舞蹈，因用托布秀尔伴奏也称"托布秀尔乐舞"。舞者模拟奔马和雄鹰的形象，舞至高潮时，乐手们不时将琴置于胸前、肩上、胯下或身后，一边伴奏，一边表演，舞者、乐手、观众的情绪更为兴奋激昂。每逢民族节日那达慕或婚礼喜庆等场合，托布秀尔都是离不开的弹弦乐器。在蒙古族民间也涌现出许多优秀的托布秀尔演奏家，如乃黛、铁木尔加合甫、黛丽等。托布秀尔演奏的乐曲多以沙吾尔登命名。较著名的乐曲有《沙吾尔登》《袖子沙吾尔登》《索兰沙吾尔登》《锡伯沙吾

图 2-30　扬琴

图 2-31　钢琴

尔登》《霍勒曼沙吾尔登》《巴音切列》和《江格尔弹唱曲》以及呼麦演唱曲目《满都力可汗赞》《四座山》等。

另外，我国代表性击弦乐器有扬琴（图 2-30），西洋乐器中代表性击弦乐器有钢琴（图 2-31）。二者在造型艺术和音响效果上各具特色，构造差别很大。民族弦鸣乐器中以拉弦和拨弦乐器为主，击弦乐器鲜少。

第三节　弦鸣乐器的分类

弦鸣乐器是由绷紧的、振动的弦产生音响的乐器的统称。弦乐器依靠机械力量使绷紧的弦振动发音，通常用不同的弦演奏不同的音，有时用手指按弦来改变弦长，从而达到改变音高的目的。按照发音方式的不同，弦乐器分为击弦乐器、拨弦乐器和弓弦乐器。

一、击弦乐器

以敲击琴弦作为弦振动激励声源的乐器，称为"击弦乐器"。根据结构上的不同，击弦乐器又可分成两大类：一类由激励、弦振、传导、共鸣和调控 5 个系统组成，如扬琴；另一类则在前一类基础上增加了一套键盘控制系统，如钢琴。二者发声原理完全相同：由击锤敲击琴弦触发琴弦振动，通过琴码传导至共鸣体，声能由此而得到扩散。

从音乐声学角度讲，击弦乐器的音高主要由弦的长度决定，音量变化主要由击锤敲击弦的力度和速度决定，对于有键盘系统的击弦乐器来说，由于其击弦位置相对固定，如钢琴一般在有效弦长的1/7 至1/9 处，音色变化则主要由触键的力度和速度决定；对于无键盘系统的击弦乐器，因为其击弦位置不固定，改变击弦的位置可以改变音色。

击弦乐器激励琴弦的撞击物，其形状、质量、材料弹性和刚度对音色和音量有直接影响。撞击物触弦面积与弦长成正比关系，弦越长触弦面积应当越大。对琴弦数量不是太多的击弦乐器来说，如果琴弦长度和粗细差异不是很大，琴槌形状无需改变。钢琴由于琴弦数量多，最高音和最低音间的弦长和直径差距大，因此琴槌在形状上必须加以改变。

此外，如果用较硬的琴槌击弦，槌与弦的接触时间较短，始振过程也较短，高频泛音的振幅很强，音色脆而带金属声；如果以软槌击弦，槌与弦的接触时间较长，始振过程会稍长，基频振幅较大，音色会更圆润，但音色会稍暗。

钢琴低音区的声音不像中、高音区那么清晰、明确。对此有的理论认为：由于低音弦的弦径较粗、张力较大、刚性较强，因而已经不能视其为"弦"而应视其为"棒"，应按棒振动频率公式来分析其发声特征。

钢琴家在演奏时，仿佛全身都在随着旋律的流动而摆动，其触键后的一些动作和音色会使人想象其手指上可能有某种"特殊的技巧"。其实，由于钢琴结构的原因，钢琴家只能通过改变琴槌击弦的力度来控制音色，而力度又主要取决于触键速度——速度越快，力度越强。优秀的钢琴家可以通过各种触键技巧调节触键速度，从而达到随心所欲地控制力度变化的境地。一般情况下，钢琴用键盘无法奏出自然泛音、滑音和波动音，但一些有想象力的作曲家和钢琴演奏者，不愿受钢琴击键结构的束缚而选择用手指或拨子直接拨动琴弦，也可以奏出自然泛音、滑音和波动音。

我国民乐队常用的击弦乐器是扬琴。扬琴的击槌称为"琴竹"，在使用时有较多的选择余地。如果需要奏出柔和圆润的音色，可以将琴竹裹上较厚的胶布或毡呢，由此可以减少带有刚性的琴竹与琴弦撞击的一刹那产生的高频泛音和噪声；如果想获得尖锐而带金属声的音色，可以将琴竹翻转，直接用竹背击弦。

扬琴可演奏泛音、滑音和波动音。泛音的发音原理同其他弦乐器，手指轻触琴弦某一点，击弦时就可获得自然泛音，但无法奏出人工泛音。滑音的奏法有两种，一种是在琴码外的弦上按弦，通过改变弦的张力，获得滑音效果，因弦的张力所限滑音音高一般不超过大二度；另外一种奏法是用专门指套套在非持琴竹的手指上，用改变扬琴有效弦长的方式取得滑音效果。波动音演奏原理与上述第一种滑音相同，只是手指按弦时做周期性的压力变化。近年来对扬琴的改良层出不穷，在音域的宽度、转调能力和音长控制等方面已达到比较完善的程度。

二、拨弦乐器

以手指或拨子拨弦作为弦振动激励声源的乐器，称为"拨弦乐器"，也称"弹拨乐器"。同弓弦乐器一样，尽管各种拨弦乐器性质各异，但在结构上依然可大致分为激励系统（手指或拨子）、弦振系统（系弦系统）、传导系统（琴码）、共鸣系统（琴箱）和调控系统（调弦、控音装置）五个部分。

其发声原理基本与擦弦乐器一样，拨弦乐器以手指（或拨子）将琴弦带离平衡位置，然后突然将弦放回，此时弦的张力和反弹力促使弦以很快速度向平衡位置反弹回来并越过其平衡位置，弦的张力和弹力所产生的惯性使弦继续进行往返运动而产生声振动。振动通过琴码传至共鸣箱，声能由此而得到扩散。调控装置则用来调整每根空弦的音高。

从音乐声学角度看，演奏拨弦乐器时，音高变化主要由弦的长度决定，音量变化主要由手指或拨子施加给弦的压力和拨弦速度决定，音高变化则主要由手指或拨子触弦位置及弹奏方式决定。对于像筝那种无"品"的拨弦乐器来说，演奏者通过按压琴弦的方法，也可以改变音高，这种用改变琴弦张力的方法产生音高变化的手段是中国民族乐器常用的演奏技巧。

与弓弦乐器不同之处在于，拨弦乐器是一次性激发弦振动，即拨一次弦发一个音，声音不能持续。每个音都明显的始振过程和衰减过程，没有弓弦乐器的稳态过程。一般情况下，弦越长衰减过程越长，余音就越长，反之亦然。如果需要发声长时值的声音，就得对弦连续拨弹，称为"轮奏"或"滚奏"。但能否连续弹拨是有条件的，这主要取决于弹拨工具的形式，目前来看，手指和用偏软性材料制成的"指甲"是最理想的弹拨工具，若材料偏硬，或形状偏大，都不利于"轮奏"技巧的发挥。用何种工具来激发弦，对拨弦乐器的音色也有很大影响。因为这直接影响到拨奏的力度、速度、触点和演奏姿态。

三、弓弦乐器

以弓和弦的摩擦作为弦振动激励声源的乐器，称为"弓弦乐器"或"擦弦乐器"。虽然各种弓弦乐器在形制上有很大差异，但在声学系统结构上大同小异。

以马头琴为例可以得知，所有的弓弦乐器大致可分为激励系统（琴弓）、弦振系统（系弦装置）、传导系统（琴码）、共鸣系统（琴箱）和调控系统（调弦、控音装置）五个部分。

弓弦乐器的弓一般用马尾制成，在放大镜下观察表面呈现鳞片状。为使弓毛具有更强的黏滞力，在弓毛上要擦上松香。运弓时，弓摩擦琴弦，以一定的压力和速度运动，这时弓和弦之间的摩擦力使弦做横向位移，至一定幅度时，弦的弹性恢复力大于弓与弦间的黏滞力，于是弦就以很快的速度向平衡位置反弹回来，并越过其平衡位置，在琴弓摩擦力的作用下，继续向相反的方向位移。达到一定的幅度后，弦的弹性恢复力再次大于弓和弦之间的黏滞力，琴弦又快速向平衡位置反弹，如此便产生了周期性的弦振动。

弓弦乐器的发声强调与弓压以及与弦接触的位置有很大关系。以提琴为例，通常情况下弓压越强，音量越大，但是若压力过强，使得琴弦反弹恢复力受到抑制，这时声音不仅不会加强，音色也会失真。提琴琴弓与琴弦的位置关系，不仅影响提琴的发声强度，也会对其音色产生影响。

许多弓弦乐器不仅可以用琴弓擦奏，也可以用手指或拨子拨奏。拨弦触弦的位置要与琴弓触弦的位置避开，一般是离琴码更远的位置。一是因为琴弦这个位置弹性较好，利于手指拨奏；二是为了避免手指上的一些汗液和油脂沾到琴弦上，减弱琴弓与琴弦之间的摩擦力。此外，琴弓上一旦沾上油脂，还会影响松香与弓毛的结合。

第四节　弓弦乐器的历史渊源

从乐器声学上讲，最先出现的乐器为简单的单一物质的振动，如骨笛、石磬分别为腔内空气柱振动和板振动，而后出现振动体之外用于扩大声音的共鸣体，如土鼓，皮革的膜振动附加了陶制鼓腔，乐器就从单一材质发展成为两种材质。为了进一步稳定和完善乐器结构，让声波更加充分地传导，振动体和共鸣体间就有了传导装置，弦振动乐器中琴码等的出现即为如此，从早期考古中出土的乐器顺序中确实能得到证实。所以从声学结构上讲，弦乐器声学结构最为复杂，有振动系统、传导系统和共鸣系统，属于乐器中的最高级别。而从弦鸣乐器来讲，最早出现的为箱体弹弦乐器，是为独属于文人雅客所好的乐器，需要固定放置演奏，后出现的圆形直径的弹弦乐器改变了共鸣箱的形状，使乐器能够脱离演奏空间的束缚，能够在行进中演奏，就有了便携的特点，实现了对空间的解放；而弓弦乐器的出现，实现了激励系统从手到弓子的转变，乐器结构完成了从人身体上的分离，实现了对人体的解放，弓的出现丰富了激励系统与弦振系统的黏力，增加了弦振动中的扭转振动成分，也就实现了弦鸣乐器的连续发声。所以弓弦乐器从乐器声学上讲，是声学结构最完整、振动形式最丰富的乐器。

对弓弦乐器研究，关键是弓作为激励系统开始出现。《战国策·齐策》中最早记载了这种不同于用吹、弹、鼓的激励方式："临淄甚富而实，其民无不吹竽、鼓瑟、击筑、弹琴。"[1] 这段文字共体现了吹、鼓、击、弹四种激励方式，其中通过吹奏触发空气柱振动的竽是气鸣乐器，用手指弹拨激励弦振动的琴是弦鸣乐器中的弹弦乐器，"鼓"一般为动词敲击、弹奏之意，出自《诗·小雅·鼓种》"鼓钟钦钦，鼓瑟鼓琴"。《诗经》中瑟常与琴一起出现，"窈窕淑女，琴瑟友之"[2]，"我有嘉宾，鼓瑟鼓琴"[3]。可见与琴同用"鼓"这种激励方式，同为弹弦乐器。筑是先秦时期唯一见于明确记载的击弦乐器，《战国策·燕策》中"高渐离击筑，荆轲和而歌"与"击"这一激励方式稳定地搭配出现，不同于其他弦鸣乐器的弹、拨、鼓。这种"以竹击"的激励方式，使得弦受到的更多为与之相垂直方向的力，这种受垂直于弦的力激励而产生的振动以横振动为主，极大减少了弹、拨等激励方式引起的斜于弦的键向力所产生的纵振动。横振动是弦鸣乐器最主要的振动形式，基频主要受弦的张力、线密和弦长影响，决定了弦鸣乐器的音高。所以音高与弹性模量（即弹性变形难易程度）无关，即丝弦、肠弦、钢丝弦、尼龙弦等不同弹性模量的弦都适用弦越短、张力越大，弦越细、基频（音高）越高的规则。而纵振动主要受弦的弹性模量影响，不同材料的弦会有不同的音色，所以音色有别就在于纵振动。减少纵振动就为同一音高不同材质的弦调整演奏技法改变音色提供了参照标准，因此筑的出现为人在控制音高基础上开始有意识通过改变演奏方式及弦材料改变弦鸣乐器音色提供了条件，是区别于琴、瑟等弹弦乐器的又一类弦鸣乐器的开端。

[1] 高诱注：《战国策·齐策一》，商务印书馆1937年版，第72页。

[2]《诗·小雅·鹿鸣》

[3]《诗·周南·关雎》

之后出现的弦鸣乐器激励方式开始丰富，并对材质有所探索与发展。《旧唐书·音乐志》中"轧筝，以片竹润其端而轧之"[1]首次记载了轧筝这一乐器，描述用片状竹条这样的激励工具，前端沾水后对琴弦施以"轧"的动作。轧，碾也。碾有滚压之意，所以可以认为轧筝这种乐器是用片状竹条压弦向前后滚动以激励发声。北宋时期陈旸所著、被誉为我国音乐史上第一部百科全书的《乐书》中也记载了"唐有轧筝，以片竹润其端而轧之，因取名焉"[2]。（图2-32）

图中虽未显示"轧"的具体方式，但可以看出轧筝确实是以片状竹条来激励弦发声。筑"以竹击之"产生的以横振动为主的振动形式为弦乐器明确音高奠定基础，但这种一弦一音的乐器已经不能完全满足唐代歌舞及戏剧雏形中人声对器乐连续发声和音色表现的需要，试图通过增加激励工具对弦的接触方式来丰富音色、增加音长，"轧"这一滚压动作激励弦产生了较大的扭转力矩，从而增加了声音的扭转振动成分，同时"轧"产生的力也增加了纵振动，"润其端"就是为激励进一步增加黏力，与之后姚旅在《露书》中"枝擦松香，以右手锯之"[3]的原理相一致。多种弦的振动形式改变了弦的总振动成分，乐器音色变得丰富，扭转力矩的为连续发声做了初步探索。与轧筝同用"以竹轧"激

①[后晋]刘昫等：《旧唐书·音乐志》，中华书局1975年版，第1076页。

②[清]永瑢、纪昀等纂修《景印文澜阁四库全书》，台湾商务印书馆1986年版，第672页。

③[明]姚旅、刘彦捷点校：《露书·卷八·风篇上》，福建人民出版社2008年版，第189页。

图2-32 《乐书》中轧筝图

励形式的，还有一种名为"奚琴"的弦鸣乐器。《乐书·胡部》记载："奚琴本胡乐也，出于弦鼗而形亦类焉，奚部所好之乐也。盖其制，两弦间以竹片轧之，至今民间用焉，非用夏变夷之意也。"[①]并附有一图。不同于轧筝，这种出身于北方少数民族——奚这一东胡属的民族的乐器"至今民间用焉"，说明已经流传了相当长时间，北宋欧阳修（1007—1072）《试院闻奚琴作》诗云："奚琴本出奚人乐，奚奴弹之双泪落。"这里的奚琴用的是弹奏，而《事林广记》《事物纪原》等文献中明确记载"以片竹轧之"的演奏方式，显示出奚琴可能存在有弹拨和轧奏两种形态，而且弹在先、轧在后，并存有相当长的重叠交错期。筑与轧筝同为中原地区乐器，从击到轧存在声学上定音到丰富音色、一弦一音到连续发声的顺承关系。北宋刘敞在诗中写道："奚人作琴便马上，弦以双茧绝清壮。可怜繁手无断续，谁道丝声不如竹。"诗中奚琴"无断续"的轧奏，和与竹所指代的竹制能实现连续发声气鸣乐器相对比，无疑指向追求乐器连续发声所表现的凄凉之感。而北方少数民族的奚部所用之琴，在民族交融频繁的隋唐时期，受轧筝演奏方式影响，与两弦长杆的乐器形态融合发展成为轧奏于两弦之间的奚琴，从乐器本身来看是自然合理且符合发展规律的。

① ［宋］陈旸：《乐书·卷一百二十八》。

　　轧筝和奚琴到了南宋时期，分别改名簨和嵇琴，在民间瓦舍中得到了普遍应用，在宫廷宴乐中也占有相当的地位。在公元11世纪时，有一种在西北边区流行很久的用马尾拉奏的乐器登上了历史舞台，沈括写给军士歌唱的五首歌词被记录到《梦溪笔谈》中，其中第三首为："马尾胡琴随汉车，曲声犹自怨单于。弯弓莫射云中雁，归雁如今不见（寄）书。"这里提到的马尾胡琴，用马尾对胡琴进行了修饰限定，胡琴即华夏边地胡部人之琴，是一类乐器的总称，汉代至南北朝之时的胡琴指弹弦类乐器，如琵

琵、忽雷等，唐宋时期包括了弹弦和弓弦两种，包括前文提到的
"奚部所好之乐"——奚琴，同弹拨奚琴受轧筝影响发展为"片
竹轧之"的激励形态一样，这种"片竹"作为弓的基本形态在
以游牧为主、牲畜众多的胡地，因地制宜将较难获取的竹片换成
马尾簇制成的弓，从材料来看符合乐器制作就地取材的特征。

马头琴是我国蒙古族民间的弓拉弦鸣乐器，悠扬、深沉、苍劲、宽广是它独属的音色特点，马头琴历史悠久，在现代音乐日益流行与繁荣的今天，马头琴仍以其浑厚、优美的音色，苍凉刚劲、简洁而富有张力的演奏风格，在当今世界音乐发展中处于一种特殊的地位。马头琴在蒙语中叫作"莫林胡尔"，"莫林"意为马，"胡尔"为对所有门类乐器的总称。有人认为这一称谓源于琴首雕刻有马头，也有人认为源于马头琴可以演奏出马嘶鸣声。生于草原长于草原的马头琴，是蒙古族音乐文化的典型代表，也充分反映了这一草原游牧民族的审美文化、人文思想和民族精神。

第一节　马头琴的传说

关于马头琴的民间传说和神话，有《苏和的白马》《呼和那木吉拉的传说》《星星王子和牧羊姑娘的传说》《龙头勺子琴传说》等十余篇，根据内容大体可以归纳为两种类型："以马为材料制琴"型、"神魔协助调音"型。

"以马为材料制琴"的传说中，流传最广的就是"苏和的白马"。一个叫苏和的小伙子与奶奶相依为命，他们生活在辽阔的草原上，以放牧为生。苏和每天都要到草原上牧羊，日落了就回家，奶奶会备好晚饭等待苏和回家。有一天，奶奶眺望了很久，还是没有等到苏和。她以为苏和贪玩耽搁了回家，便一直等。直到暮色已晚，还是没有见到苏和的身影。奶奶这下慌了神，跑着去找邻居求助，大家都很着急，生怕苏和遇上狼群，那可会是九死一生。众人擎着火把，在茫茫草原上四处寻找。找到苏和的时候他们松了一口气，他怀里抱着一个白色的小马驹。原来他在草窝里发现了这匹小马驹，怕小马驹被狼吃掉，就抱着回来了。没办法骑马，所以耽搁了回家的时间。回到家，小马驹已然奄奄一息，很没精神，站都站不起来。苏和于是拿来马奶喂养，让小马驹睡在自己的床边。日子一天天过去，小马驹在苏和的精心照顾下逐渐长大，长成了一匹俊逸的白马。它在草原上奔跑的时候，毛色光亮、长鬃飞扬，苏和骑着它能日行千里，真是一匹千里马。这白马不仅善于奔跑，还能保护羊群。一天夜里，正在熟睡的苏和被白马的嘶鸣声惊醒，原来是一只狼被白马挡在了羊圈外。白马的前蹄在踩踏着地面，不断地摇晃脑袋，向狼示威。白色的马鬃也随着猎猎地舒展着，在月光下非常雄壮威武。苏和抄起草耙子，和小白马一起赶走了狼。苏和非常感动，他不停安抚着躁动的白马，心里甚是欢喜，也因此更喜欢这匹白马。一匹白马不仅高大神骏，还能保护羊群，这样的神奇故事也随着草原的风传向各处，人们都因为有这样一匹优秀的白马而啧啧称奇，苏和也因为有这样一匹白马而感到骄傲。

草原上有一位贵族王爷，他的女儿到了出嫁的年龄。为了女儿的婚姻大事，王爷要举行一场盛大的赛马大会，替自己的女儿挑选一个草原上最好的骑手。谁在赛马大会上取得头名，王爷就把女儿嫁给谁。这个消息一出，草原上的小伙子们都沸腾了，纷纷牵着马匹去参加。苏和也听到了这个消息，他的朋友便鼓励他领着小白马去比赛。比赛开始前苏和心里还在默默地打鼓，可当大家扬起皮鞭，纵马狂奔的时候，其中一骑当先，跑在最前面的，正是苏和和他的白马。在众人的目光中，白马与苏和仿佛融为一匹飞舞飘逸的白练。他们从马群中飞奔而出，又像一道从乌云中划出的白色闪电。苏和在马背上兴奋地大吼，全场的人都在为苏和和他的白马欢呼鼓掌。头名已出，苏和在众人喝彩中上了台。等王爷见到穿着破破烂烂的苏和，才发现这竟是一个名不见经传的穷小子。王爷无理地说："我给你几个金元宝，把马留下，赶快回去吧！"苏和一听王爷的话，顿时气愤起来，说："我是来赛马的，不是卖马的。我宁可不娶您的女儿，也不会卖掉我的小白马。""你一个穷牧民竟敢反抗王爷的命令吗？"不等说完，王爷的打手们便动起手来。苏和被打得昏迷不醒，王爷夺去了小白马威风凛凛地回府去了。

苏和被亲友们救回家去，虽然身体渐渐恢复，但是苏和每天以泪洗面而无计可施。一天晚上，苏和忽然听见门响，奶奶推门一看竟是小白马！它身上中了七八支羽箭，鲜血与汗水混在一起，将原本光鲜亮丽的毛发染得鲜红。尽管苏和和奶奶竭尽全力救治，但小白马因伤势过重，第二天便死去了。原来，王爷带着小白马回家后，便选了良辰吉日，邀请亲友举行庆贺。他想在人前显摆一下自己抢来的骏马，可刚跨上马背还没坐稳，那白马猛地一起，便把王爷摔了下来。白马用力摆脱了牵绳的随从，冲撞过人群飞奔而去。王爷又急又怒："快捉住它，捉不住就射死它！"可白马似流星飞电，岂是寻常马匹能追上的。于是箭手们张弓搭箭，他们的箭像急雨般飞向白马，马跑得再快也终究快不过箭雨。小白马身中数箭，疼痛难耐，但它还是坚持跑回了家。小白马的死，给苏和带来了巨大的悲愤，草原上的人们知道了这个消息，也都暗自叹息。苏和几夜不能入睡。在一天夜里，苏和梦到小白马对他说："主人，你若想让我永远陪伴你，还能为你消解寂寞的话，就用我身上的筋骨做一把琴吧！从此琴起便有马鸣声。"苏和满脸是泪地醒来后，按照小白马的话，用它的骨头、筋和尾做了一把琴。每当拉动琴弦的时候，苏和仿佛都能看到那匹神骏的白马飞奔在草原上。

还有另一个关于马头琴"以马尾材料制琴"的传说，在蒙古国中部和西部广为流传。主要讲述了一位叫那木吉勒的小伙子被发配到遥远的西部边疆服役，因其歌声动听博得了那里公主的爱慕。兵役期满，那木吉勒要离开边疆，公主送给他一匹长有黑色双翼的高大英俊的黑马，于是那木吉勒每晚骑着这匹骏马与公主见面，黎明时再返回家中。一次幽会时不小心被公主的父亲发现，公主的父亲派人把骏马的双翼折断，杀死了骏马。小伙子从此无法与公主相见。他思念公主，也怀念心爱的骏马，于是那木吉勒以骏马的尾巴做弦，骏马的样子做琴头，制作了马头琴。

"神魔协助调音"型神话内容梗概为：创造神和恶魔创造了马头琴，但是总是调不好音色，于是向对方求教，发现了用移动琴码或者涂抹松香来调音色的方法，于是做成了完整的马头琴，创造神以自己的名义把马头琴送给了人类。[1]

① 陈岗龙：《蒙古民间文学比较研究》，北京大学出版社 2001 年版，第 55 页。

在这两层内容的基础上，故事和传说还另有很多细节的变体，如《苏和的白马》还有《白马传说》的版本，其中没有苏和这一名字，也没有王爷和夺马这一阶级斗争背景，但是其内容主题依旧是用"以马为制琴材料"。传说的真实性已无法在文献和实物中得到证实，但能反映出马头琴与马有直接的关系，比如，在当今马头琴制作中，确实存在以不同颜色的马尾制弦的音色要求。因此说明，在马头琴制作技艺研究和马头琴文化内涵问题研究中，神话和传说中对马头琴形制、结构和用料、调音方面有一定的参考意义。

第二节 马头琴的历史渊源

"马头琴"这一名词，最早出现在日本学者鸟居君子的《从土俗学上看蒙古》一书中。20 世纪初日本人类学家鸟居龙藏先生及其夫人鸟居君子和儿子在内蒙古地区游历考察，撰写了多篇关于在内蒙古的见闻。其中，鸟居君子的《从土俗学上看蒙古》一书中，记载了他们见到的二弦弓弦乐器。记载如下："我坐在毡棚马车里感到很热，途中在一个小村里休息。在这时我看到一件珍奇的乐器，我起了个名叫它马头琴。因为，琴端雕有马头，两只耳朵是牛皮做的。马头下面有两根缠琴弦的木轴。琴杆是用桦木做的，共鸣箱是用野杏木做的。琴弦是马尾毛缕成的。马头琴音色低沉、阴郁，有一种特别的美感。"[1]

马头琴的源流问题，学界有多种观点，因缺少撰记史料，只能根据现有史料进行猜测串联，就起源问题就存在"奚琴说""火不思说""叶克勒说""马尾胡琴说"等多种推测，导致人们对这一乐器的起源至今未有统一认识。流传较广的是"火不思"一说，苏赫巴鲁先生在 1983 年发表的《火不思——马头琴的始祖》[2]一文指出"火不思是马头琴的始祖"。在公元前 7 世纪以前的额尔古那河流域的深山密林中，一群以采集、狩猎为业的蒙古族先民们生活在此。而就在这个漫长岁月积淀中，众多富有山林狩猎文化特色的音乐应运而生，例如古代蒙古氏族部落的狩猎歌曲、萨满教歌舞、集体踏舞，以及早期的英雄史诗等。而马头琴最早的起源要追溯到出现于公元前 1 世纪初的一种弹拨乐器。《元史·礼乐志》中对这一乐器形制有详细记载："火不思，制如琵琶，直颈，无品，有小槽，圆腹如半瓶，以皮为面，四弦皮绁，同一孤柱。"[3]此器早在中唐时期就已经出现于我国西北少数民族地区。

[1] 莫尔吉胡：《追寻胡笳的踪迹——蒙古音乐考察纪实文集》，上海音乐学院出版社 2007 年版，第 219 页。

[2] 苏赫巴鲁：《火不思——马头琴的始祖》，载《乐器》1983 年第 5 期。

[3] 杨荫浏：《中国古代音乐史稿（下册）》，人民音乐出版社 2018 年版，第 726 页。

火不思诞生于我国古代北方游牧民族，通过弹拨发声演奏。"火不思"之名源于元朝。追溯其根源，并根据其形制及演奏方式来看，可以将其划归至"胡琴"类中。胡琴，原是胡人乐器之意，常用来泛指来自我国北方少数民族地区或西域的乐器。唐代胡琴的含义则被用来泛指我国北方少数民族地区和西域传入中原的弹拨乐器。在唐朝广袤疆域上生活着众多的民族和部落，同时强盛的唐朝又吸引了众多来自其他地域的民族来到中原地带，使得众多不同民族和地区的人民在文化、经济、政治等各领域相互交融，互相发展。而马头琴的前身"胡琴"也在这一时期诞生了。到了宋朝，由于北方少数民族的崛起导致的民族间的连年战乱，加速了各民族的分化合并以及各民族间的文化交融。火不思在这一时期中逐渐演变出了拉弦与弹弦两种演奏形式。弓弦火不思最早是从新疆的棒（竹）擦火不思演变成为西夏的马尾擦弦火不思（马尾胡琴）。此时四根弦的拉弦火不思与两根弦的马头琴依然有较大的差异。

成吉思汗在统一蒙古后出师西夏，西夏被迫求和，马尾胡琴也因此流传进了蒙古族，并在生活、信仰等诸多方面产生了深远的影响，并被称为潮尔。苏赫巴鲁先生认为："由弹拨乐火不思到拉弦乐胡琴，这是一大变革，并为清代出现的潮尔奠定了基础。"[①]

在忽必烈进入中原并建立了元王朝后，实行了严格的民族分化制度。然而为了巩固政权，加强对中原大陆的统治，元朝初期仍实行较为开放的文化政策，让各民族间优秀的文化迅速交融，百卉吐艳。这一时期潮尔也吸收了其他各民族乐器的优点，并逐渐由四弦拉弦乐器演变为二弦拉弦乐器。"胡琴，制如火不思，卷颈龙首，二弦，用弓之。弓之弦以马尾。"[②]源自不同地理环境、自然条件、个人爱好和技艺水平，产生于民间的潮尔，也随

① 苏赫巴鲁：《火不思——马头琴的始祖》，载《乐器》1983 年第 5 期。

② ［明］宋濂等：《元史·礼乐志》。

之出现了不同名称、演奏方法和不同形制。

马头琴，因琴头雕饰马头而得名。《清史稿》载："胡琴，刳桐为质，二弦，龙首，方柄。槽椭而下锐，冒以革。槽外设木如篸头以扣弦，龙首下为山口，凿空纳弦，绾以两轴，左右各一，以木系马尾八十一茎轧之。"可知，马头琴原来也有龙首。岩画和一些历史资料显示，古代蒙古人会把酸奶勺子加工之后蒙上牛皮，拉上两根马尾弦，当乐器演奏，称之为"勺形胡琴"。当前很多专家认为这就是马头琴的前身。勺形胡琴当时最长的也是二尺左右，共鸣箱比较小，声音也就小多了。至今蒙古国的西部也有人把马头琴叫勺形胡琴。当时琴头不一定是马头，有人头、骷髅、鳄鱼头、鳖甲或龙头等，大约于 19 世纪末到 20 世纪初，琴头由龙头或玛特尔头改为马头。据《马可波罗游记》载，12 世纪鞑靼人（蒙古族人前身）中流行一种二弦琴，可能是其前身。明清时期马头琴用于宫廷乐队。马头琴从弹拨乐器忽雷演变成为弓弦乐器马尾胡琴，从元代文献至清代图稿，反映其乐器形制的演变脉络。最晚至清代，马头琴的乐器形制还依然保存着唐代忽雷的风貌，琴头为龙首、琴体是"刳桐为体"，即以整木剜制出来的梨形琴箱，"冒以革"即琴箱正面蒙皮。这种乐器形制在制作工艺上，由于是整木剜制出来的琴箱，所以工艺要求较高。

清代中晚期，随着马头琴在民间的广泛传播，由于草原上各蒙古部落之间审美要求和工艺水平的差异和民间艺人的制作工艺水平的不同，产生了梯形琴箱或长方形琴箱这种在制作工艺上相对简易的琴箱形状。到 18 世纪初，马头琴的外观及结构有了很大的变化。

第三节　马头琴制作技艺

马头琴的制作材料、尺寸、制作技艺及制作工具等随着乐器
的发展演变过程不断变化，同一时期马头琴的制作方式在不同地
区也不完全相同，马头琴的制作标准甚至在近几年才确定下来。
但从声学角度看，作为乐器家族中弦鸣乐器中的拉弦乐器，它们
都由激励系统（琴弓）、弦振系统（琴弦）、传导系统（琴码）、
共鸣系统（琴箱）和调控系统（调弦、控音装置）五个部分组
成。下面我们对"现代马头琴"的五个部分的制作为主要内容进
行介绍。（图 3-1）

图 3-1　马头琴

图 3-2　马头琴琴箱

图 3-3　马头琴琴头

　　现代马头琴主要由琴头、琴轴、琴杆、指板、上马、琴弦、侧板、背板、面板、音孔、下马、拉弦板、拉弦绳、尾枕和弓尾螺丝、马尾库、弓杆、弓毛、弓头组成。马头琴琴箱内部有音梁、角木和音柱。（图 3-2）

　　马头琴的激励系统是琴弓，琴弓由弓尾螺丝、马尾库、弓毛、弓杆和弓头组成。琴弓影响拉弦乐器的音色与音量，这主要是由琴弓的力学能量来决定的。弓毛一般用马尾制成，在放大镜下观察，马尾表面呈现鳞片状。随着现代马头琴制作的专业化发展，为了追求更高的性价比，大多马头琴制作者都从自制弓毛改为从专业制作弓的小厂进购。现代马头琴琴弓受小提琴琴弓影响很大，在由弓杆和弓毛两个部件组成的传统马头琴琴弓基础上增加了其他部件。（图 3-3）

　　弦振系统是马头琴发声的主体，包括琴弦和张弦装置，张弦装置由琴杆、指板、拉弦板、拉弦绳和尾枕组成。琴弦对马头琴的音高起着决定性的作用。

　　传统马头琴的琴弦是以两束马尾捆扎而成，每一束琴弦都是由若干根马尾组成，制作时将其捋顺，有些师傅会将马尾进行一番处理，如用水煮，然后洗净，最后将其一头拴在琴上。现代马头琴经过改良用尼龙弦取代了马尾弦，段廷俊先生制作中音马头琴时采用琴箱六面调音，琴弦由 0.15 毫米的尼龙丝制作，低音弦 150 根，高音弦 120 根；高音马头琴的低音弦为 120 根，高音弦为 90 根；次中音马头琴的低音弦为 160 根，高音弦为 210 根。理想的琴弦要符合三个条件：第一，弦的质地和直径要均匀，弦的断面应是正圆形的，这是为了得到正确的音程；第二，要有适当的柔软度和弹力，使弦的振动音能发出优良的音色；第三，适当的比重和引张力（伸缩性），比重大一点的弦如加紧引张，弦拥有的振动力就会增大，音量也随之变大。（图 3-4）

　　制作马头琴琴杆时首先在选好的木料上用准备好的模板描绘出琴杆的形状，其有效长度为 550 毫米，即上马至下马之间的长度。制作琴杆一般使用五角枫木，径切，通常用套裁的方法裁出

图 3-4　工具

图 3-5 琴杆模具

两个琴头，琴杆连接样部分的长度 70 毫米以上。琴头是骏马造型的雕刻。琴杆的指板是黏附在琴杆表面上的一块红木木板，长度为 500 毫米，宽度为 35 毫米，厚度为 5 毫米，要求四面刨光，没有节疤，黏合时使用强度比较大的明胶，并用绳子将指板与琴杆捆扎结实，待胶水干后检查指板端头与琴杆的衔接是否吻合，确认平整后在纸板上画出中心线，标出接棒的位置。（图 3-5）马头琴的指板结构为上下宽、中间窄，一般上端为 31 毫米，下端为 29 毫米，中间为 23—34 毫米，这样的尺寸方便演奏员发挥。马头琴的琴杆经过划钮、锯切木棒蓄口、加工连接棒等工序后还要给琴杆镇嵌铜轴，铜轴槽深 20 毫米、长 100 毫米、宽 23 毫米。原始的马头琴使用的是木轴，但是马头琴制作师张纯华老师将铜轴运用于马头琴中，这样就使得马头琴在定弦时更加轻松准确。槽开好后用直径 5 毫米的钻头打穿弦孔，两孔之间的间距为 14 毫米，随后修整好木槽。为了安装铜轴，还要在木槽的边缘上开缺口，安装完铜轴后用制作好的木盖盖上铜轴即可。马头琴的琴杆（图3-6）比较长，琴箱内的连接杆需与琴杆进行黏接，经过黏接后的琴杆至少放置两个月，这样加工完成后的琴杆才会更加稳定。制作完成后的马头琴共鸣箱和琴杆必须经过严格细致的打磨，打磨的顺序为先粗后细，然后将加工出的拉弦板、琴码、琴弦等其他配件逐一安装。（图3-7、图3-8）

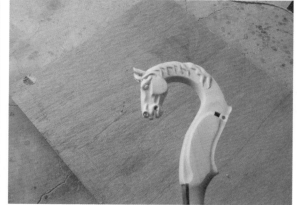

图 3-6　制作好的琴杆

图 3-7　给琴杆上色

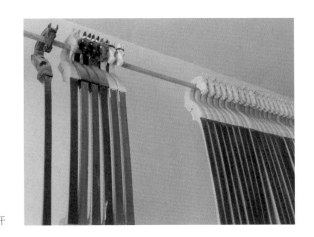

图 3-8　制作好的琴杆

　　马头琴的共鸣系统指琴箱，也叫共鸣箱，由侧板、背板、面板、音孔组成。琴箱加强了琴弦振动的声能扩散，加大了马头琴的音量，也在一定程度上会影响马头琴的音色。马头琴在制作时选用三种木材：五角枫、泡桐和鱼鳞云杉。五角枫主要用于马头琴的琴头、琴颈和琴箱的背板及侧板的制作。泡桐和鱼鳞云杉用于制作琴箱的面板。传统马头琴多为演奏者就地取材所自制，对于材料的选择、使用以及乐器规格等并无统一规定。为了使马头琴的演奏空间更为广阔，段廷俊将马头琴的结构与尺寸多次进行改革，在不断的尝试下，马头琴延伸出低音马头琴、高音马头琴、木面马头琴、中音马头琴、膜板马头琴和木面中音马头琴等多种种类。

　　面板材料决定了马头琴质量与价格，在马头琴的改良进程中，面板材料的选用经历了从蟒皮到木板的变化，并于 20 世纪 90 年代由演奏家齐·宝力高与制琴师段廷俊最终确立选用梧桐木。随着生产力的发展，马头琴面板制作的材料愈加多样，如桐木、色木、鱼鳞云杉等。马头琴面板选材对于材料共振性能和吸湿能力等因素有要求。木材的声传导速度与共振力呈正比关系，声传

图 3-9　形状不同的琴箱

导速度与共振力呈正比，声传导的速度越快，其弹性模量越大，继而产生的共振力就越强。因为鱼鳞杉木的纵向和径向木材动弹性模量比值较大，且木材径向振动时剪切振动值也较大，所以用鱼鳞杉木制作的马头琴面板能达到较好的共振效果。鱼鳞云杉属于浅根性树种，由于生长在干燥寒冷的环境之中，其材质优良，适应性强，具有更好的稳定性。通过实验证明，高温湿热处理和二次干燥湿热处理能够有效降低鱼鳞杉木的吸湿性能，提高木材在交变环境下的尺寸稳定性[1]。（图 3-9）

马头琴共鸣箱作为其主要的发声体，它的制作与声学、力学、比例等息息相关，其比例尺寸为上底宽 180 毫米，下底宽 280 毫米，高 350 毫米，厚 68 毫米。在制作时首先要制作马头琴共鸣箱侧板，侧板的厚度是 4—6 毫米，因为是梯形箱体，在制作侧板前先要制作相应角度的导靠尺，导靠尺分为上、下两个，上角为钝角，下角为锐角，上下角相加应绝对等于 180 度角。用

① 胡亮、石春轩子、樊凤龙：《继承与创新——马头琴与四胡乐器制作工艺创新研究》，载《山东艺术学院学报》2018 年第 3 期。

这两个导靠尺可以非常容易地加工出马头琴侧框的合适角度，每个角都要加角木，以增加箱体强度。为了使四个角都能够黏接牢固，要用绳子捆扎，捆扎的力度要适中，力度过轻起不到捆扎的目的，力度也不能过大，否则就会出现侧板向内弯曲变形的情况。黏好的侧板还需要停放四小时，待其干后解开绳子，进行平口处理，就是将侧框的上下两端刨平，在刨的过程中应不断地对侧框用尺子进行丈量，侧框的高度一定要精确为 58 毫米。侧框平口后便开始打插孔，上下插口的大小是不同的，上底的孔为 20 毫米 ×30 毫米，下底的孔为 14 毫米 ×14 毫米。

马头琴为插杆结构，所以需要确定上下插孔的位置。上下插孔的位置与琴杆和共鸣箱的角度有直接关系，琴杆与共鸣箱的角度又与琴码给予面板的压力有关联，所以要精确。用 5 毫米的钻头先在孔的四角钻好孔，然后进一步加工孔，这样马头琴侧框的制作就完成了。（图 3-10）

图 3-10　琴箱模具

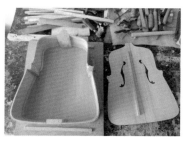

图 3-11 琴箱背板制作

图 3-12 琴箱面板制作

制作背板时，先将两块木料准备黏接的一侧刨平，确保两块木料的缝隙完全密合后再进行黏接，待胶水凝固后需对拼接处进行刨平，背板厚度为 5 毫米，并在接缝处黏接增强木。为了使整个背板受力均匀，需将增强木均匀地黏接在背板中缝上，这样共鸣箱的背板就制作完毕了，最后将侧框与背板进行黏接。（图3-11）

面板是发音的重要部件，厚度为 5 毫米。制作面板时首先要找出面板的中心线，这是确定面板厚度和音孔分布的第一条基准线。根据中线再确定上边缘线，上边缘线与中线垂直，距离上边5 毫米左右，找好这两条线之后，以这两条线为坐标就可以确定出音孔位置、琴码位置以及低音梁位置。音孔的位置要以面板的中心线为基准。制作音孔样板时要将音孔的位置和角度事先设计好，位置是从上至下为 80 毫米，孔长为 110 毫米，孔距为 75 毫米。低音弦一侧的面板内部加低音梁，材质为鱼鳞云杉，其尺寸

图 3-13 琴箱顶部

为长 280 毫米、宽 8 毫米、高 20 毫米。（图 3-12）黏接之前首先要把低音梁的黏接面加工成弧形，黏接的位置为左码角靠近外侧的相应位置。低音梁的作用是使面板在低音弦一侧能较好地承受琴码的压力，并把琴码传送下来的振动通过低音梁使整个面板一起振动，所以低音梁在面板制作的整个过程中非常重要，两边均应刨平，并要将它放在平板上检查，以确保没有翘曲，装置正确的低音梁能使琴的共鸣良好，发音平衡。在高音弦的面板内侧加音柱，起到通过音柱振动背板的作用。合琴时，要使室内温度相对高一些，以确保各部件黏合的质量，并且要使中线都对好，千万不能出现偏移。（图 3-13）最后要在共鸣箱的面板下方黏上尾枕，尾枕的高低直接影响到琴弦通过琴码对面板的压力，所以对尾枕的安装不可疏忽，一定要让其高出面板 4 毫米，材质为红木，长 40 毫米、宽 5 毫米、高 5 毫米。安装尾枕时在共鸣箱下

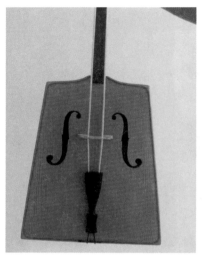

图 3-14 琴箱正、背面

底中心位置凿出长 40 毫米、宽 5 毫米、深度 1 毫米的凹槽，将尾枕粘牢并核对尺寸。（图 3-14）

马头琴的传导系统指琴码（包括上码和下码）及琴箱内部的音梁和音柱。琴码将琴弦振动传导至琴箱，音梁、角木和音柱是将来自琴码的振动传导至整个面板，使面板整体振动。不同的形制、材料及密度，会导致马头琴音质与音色的不同。

"国家级非物质文化遗产项目'民族乐器制作技艺（蒙古族拉弦乐器制作技艺）'代表性传承人"哈达说："制作上、下马所用材料没有严格要求，但需要是传达声音效果好的木料。"他做挖板琴（或高档琴）琴码多用乌木和黑檀，"普及琴"琴码用色木做后上漆。琴码尺寸也没有严格要求，上马的宽度基本与琴杆上端宽度相当，底部厚度与高度相关。其制作过程主要为：锯切坯料、锯出轮廓、打磨。下马的制作工序与上马基本相同。

一般选用白松制作音梁、音柱。音梁需径切以便传递振动，长度约 280 毫米，一侧为弧形。其位置在靠面板中心线左，上端

图 3-15　琴箱内部

距中心线 15 毫米，下离中心线 17 毫米。制作时先按锯切再进行抛光。音柱是安装在面板和背板之间的细长圆形木条，其直径没有严格规定，一般为 8—10 毫米，坯料长度要比侧板宽度约长，以便调整尺寸。（图 3-15）

　　马头琴的调控系统指琴轴，用于调节琴弦的松紧，以此来改变马头琴的音高。琴轴形状有圆有扁，需做到握持舒适，旋转有力。一般用黑檀、乌木、色木等材料。琴轴长度约 80—100 毫米，需先锯切、打磨，再开孔安装。

马头琴的形制和制作工艺，在历史上经历过两次大的转型：第一次是 20 世纪初期到 20 世纪 40 年代，从沿用数百年工艺较复杂的梨形琴箱忽雷式形制变成工艺相对简单的梯形琴箱的形制，第二阶段是新中国成立后，马头琴结构和选材更为科学、工艺更加考究、技术更加复杂的阶段。马头琴形制和制作工艺的演变，呈现出特定时代人们对乐器音响品质的追求与变化。

第一节　梯形琴箱马头琴的诞生

马头琴从弹拨乐器"忽雷"演变成为弓弦乐器"马尾胡琴"，从元代文献至清代图稿，其乐器形制的演变脉络清晰。最晚至清代，马头琴的乐器形制还依然保留着唐代忽雷的风貌：琴头为龙首、琴体是"刳桐为体"，即以整木刳制出来的梨形琴箱，"冒以革"即琴箱正面蒙皮。这种乐器形制在制作工艺上，由于是整木刳制出来的琴箱，所以工艺要求较高。

马头琴琴箱形状由梨形转变至梯形，其主要原因之一是马头琴在民间的广泛传播，使马头琴在数量上有了第一次飞跃。由于草原上各蒙古部落之间审美要求和工艺水平的差异和民间艺人的制作工艺水平的不同，产生了梯形琴箱或长方形琴箱这种在制作工艺上相对简易的琴箱形状。

内蒙古自治区成立以后，不但对马头琴乐器形制方面进行了有效的传承，还在制作工艺和材料选择上进行重大改革。以声学原理为基础，使马头琴在制作工艺水平上有了很大的提高。当时全国上下对各种民族民间乐器的改革进行得轰轰烈烈，且大都以建立新型的民族乐队为主要目标和契机，当时改革的宗旨是："新型民族乐队的建设不能脱离传统，应以民间丝竹乐及吹打乐为基础；应把原来分散的较为原始的乐器加以集中、整理、改革、提高，使它们能自成系统、结构上更趋科学化、音质纯正、音色动听、音域扩大、音量增加、音律统一到十二平均律上去。"[1]

对于传统马头琴的乐器形制研究，最直接的办法就是能对那个时代的马头琴实物留存来观察，其次就是通过文献资料中的记载来进行研究，另外通过口述调查中找到一些信息。由于年代久远，能够保存下来的实物很少，为了解传统马头琴的相关信息增加了难度。

在北京中国艺术研究院音乐研究所的中国乐器博物馆中，珍藏有几件马头琴藏品。其中有一把程砚秋先生收藏的清代制马头琴，系当地所产的松木制作，全长 108 厘米、琴箱正梯形，箱长 29 厘米、上宽 23 厘米、下宽 26 厘米、厚 9 厘米，正、背面皮面中央开有一个金钱眼状出音孔，孔径 7.8 厘米。琴头、琴杆用一根柴木制成。琴头呈方形柱状体，顶端雕以马头为饰，弦槽后开，槽长 10 厘米、宽 1.5 厘米，两侧各置一个弦轴。弦轴色木制，呈八方形锥状体，轴长 12.8 厘米，轴顶圆球形。琴杆呈半圆形柱状体，前平后圆，正面为按弦指板，上端雕有龙面装饰，下端插入琴箱通孔中。皮面中央置木制桥形琴码。张两束黑色马尾弦，两弦由龙面鼻孔中穿出，系于琴底尾柱上。琴弓的弓杆木制，以

① 王仲丙：《概述中国广播民族乐团对低音弓弦乐器的改革》，载《乐器》1983 年第 2、3 期。

一束黑色马尾为弓毛系于两端，弓长 76 厘米。此琴制作精细，琴箱四框外表雕刻出民族图案花纹，通体覆深棕色漆，马头、轴顶涂黑色漆，琴头和琴箱正背两面油漆彩绘云头、花卉和富有民族风格的图案纹饰，古色古香，雅致大方。

在这个博物馆里，还珍藏有两把蒙古国制作的马头琴，其中一把的共鸣箱呈正梯形，箱框用四块硬木板拼贴而成，两侧板上开有音窗，琴箱长 33 厘米、上宽 22 厘米、下宽 31 厘米、厚 10 厘米，正面蒙以马皮，背面蒙以薄木板。琴头、琴杆用一块松木制作，全长 108 厘米。上端雕刻向前弯曲的马头，弦槽后开，两侧各置一轴。弦轴云杉制，轴长 18 厘米，轴柄扁而长，形如马耳。琴杆为半圆形柱状体，前平后圆，正面为按弦指板，上端设有弦孔通向弦槽，下端装入琴箱中。皮面中央置木制桥形琴码，码长 6 厘米、高 3.2 厘米、底宽 1 厘米。张两束黑色马尾弦，两弦由弦孔中穿出，下系于琴底尾柱上。琴弓为木制弓杆，由黑色马尾束于两端而成。琴头、琴面漆为淡绿色，弦轴漆为橙黄色，通体彩绘富有蒙古民族风格的云头、花卉和图案纹饰。此琴为 20 世纪 50 年代初蒙古人民共和国（今蒙古国）音乐代表团访华时送给我国人民的礼物，它是中蒙两国人民友好往来和文化交流的历史见证，已被载入《中国乐器图鉴》大型画册中。

在一些 20 世纪初期来蒙古高原进行考察和探险的学者们出版的著作当中，会刊载一些当时在内蒙古地区的有关风土人情的照片，在其中可以发现一些有关马头琴的信息。在丹麦探险家哈士纶的蒙古高原探险著作《蒙古的人和神》一书的附录中，刊载了一系列他在内蒙古各个地区的照片，其中既有他在各个地区搜集到的各类乐器的照片，也有一些民间艺人演奏马头琴的照片。从照片中可以发现，当时流传于苏尼特部落和察哈尔部落的马头琴乐器形制基本一致：琴箱形状为正梯形，琴首形状为马头或龙马双头，琴弦由两束马尾构成。在日本学者鸟居君子的著作《从土俗学看蒙古》一书的照片中，也可以得到相同的结论。对以上这些事例进行总结，可以得出以下几点认识：

首先，最晚至 20 世纪初期，马头琴的琴箱形状已完全脱离了梨形琴箱的特征，确立了以梯形琴箱为主的长方形琴箱系列，制作方法也由剜木制作演化到了由木板嵌制的方形框架式制作方法。

其次，这一时期马头琴的面板材料，依然沿袭着以前的制作方法，以皮革作为蒙制的材料。无论是双面蒙皮，还是单面蒙皮，都代表了这一时期马头琴制作方面的传统特征。

20 世纪初期，马头琴琴箱确立为梯形，琴杆琴箱变为拼接式，从整体外观上已经具备了现代马头琴的形制要素，从这一时期开始，真正的"马头琴"诞生了。

第二节 马头琴的材质改革

新时期马头琴乐器制作方面的改革与创新起始于 20 世纪 50 年代初期，其主要倡导者是新中国第一代马头琴演奏家桑都仍和当时呼和浩特民族乐器厂的高级技师张纯华。在他们的倡导和努力下，经过一次次反复的试验和更多的研究力量进入研制马头琴的行列当中，最终确立了现代马头琴的基本乐器形制和制作理念。

一、制作材料的改革与创新

制作的材料是进行马头琴改革与创新的第一步，这直接影响着马头琴作为一件乐器所体现的制作方法和声学表现。在之前传统的马头琴制作中，对选材没有统一的标准。特别是在民间，基本上大多是因地制宜、就地取材。而在进行马头琴改革的过程当中，通过无数名技师和演奏家不懈的努力，在众多的制作材料中选择出最适合马头琴声学原理和制作要求的材料，为下一步的改革奠定了坚实的基础。

（一）琴体材料

由于受到当时生产生活环境的影响和制约，民间的传统马头琴琴体制作材料大都就地取材，以草原上常见的硬杂木如桦木、枫木、杏木甚至杨木等进行制作，没有一定的选材规范。材料体积只要能够满足进行琴体部件如共鸣箱侧板、背板、琴杆等的制作即可。松木可以说是当时进行琴体制作的材料中比较难得的材料了，桐木或檀木等木材在当时的民间更是难得一见的名贵材料。

清代皇宫内使用乐器的制作材料有着非常严格的规定，在《钦定大清会典图》中，对于清代各种乐器的制作材料都做了十分详细的记载，如在关于奚琴的记载中就记录了"刳桐为体""柱及轴皆以檀"的材料信息，在胡琴的记载中也记录了"刳木为体""轴以檀""柄上半及接槽处皆以梨"的详细材质信息。

在北京中国艺术研究院音乐研究所的中国乐器博物馆珍藏的程砚秋先生所藏马头琴中，有一把来自东蒙民间的马头琴，系用当地所产的松木制作，琴头琴杆用一根柴木制成，弦轴色木制。对于一把民间的马头琴来说，这种选材已经是难得的珍品了。

在琴体制作材料的改革与创新过程当中，通过不断的实践，人们得出了马头琴琴体各部位最佳的选材搭配。

琴杆和琴箱侧板及背板的制作材料，最合适的当数各种硬杂木，其中最优质的木料是虎皮花纹的色木，由于其硬度大、密度高，使琴杆不易由于琴弦的拉力而弯曲变形，也使琴箱的振动达到最佳效果。

指板的制作材料，大都使用红木或乌木，由于其硬度大、密度高，不易因长时间摩擦而产生磨损，能体现其作为指板的意义。

琴码、音柱和音梁的制作材料，大都与马头琴面板材料统一，使用鱼鳞云杉等木材，使这些部件与面板形成统一的振动。

（二）面板材料

马头琴面板材料的改革，是个复杂而艰辛的探索过程，包含了几代人的努力。

在锡林郭勒察哈尔当地，传统马头琴的面板制作材料，最常用的当数马皮、羊皮或者牛皮等动物的皮革，这是由当地独特的游牧生产生活方式所决定的。在采访过程中，曾有不止一位的老艺人讲到，当时在各种各样的皮革制品当中，最受欢迎的就是因难产而死掉的羊羔或牛犊的皮子。当它们刚刚死去时，趁其身上的热气还没散尽将其皮子剥下，整张地扣在事先做好的木框上，待其自然风干后就是最好的马头琴琴箱了。

这种马头琴音色低沉浑厚，带有皮质所特有的一种共鸣音色。但也有两个明显的"缺陷"。

首先，当遇到阴雨天或潮气比较重的日子，其皮面就会自动受潮而变得松弛、塌陷，音色变得低沉、暗淡，琴弦的松紧也因此而变得忽高忽低，使演奏者无法演奏。

其次，马头琴的琴码正处于琴箱的面板的正中央，皮质面板的琴箱由于皮面面积大，受力点集中，在琴箱里面又没有支撑点，使得传统马头琴无法将琴弦定得太紧，影响了多种高度的定弦和多种演奏风格特性的产生。

马头琴面板的第一次改革尝试，是用定音鼓的皮面蒙制马头琴，但是没有得到了理想效果，后从 20 世纪 50 年代开始进行蟒皮蒙皮的实验。出土于河南安阳的殷墟墓中就有木腔的鼓，蒙以蟒皮。蟒皮这种材质由于没有毛孔，就能一定程度上克服羊皮或牛皮对于湿度的制约。但是，蟒皮蒙面也有缺点：第一，蟒皮容易破，不能满足日益增长的携带需求；第二，皮膜产生的共鸣虽柔和，但音量小有杂音。所以张纯华和桑都仍先生还进行了另一种"膜板"的研制，即将皮革蒙在已经固定好的面板上，使产生的声音既保持皮膜特有的柔和，又增加了木板的坚实。20 世纪 70 年代，吉林省歌舞团周润林等人依据桑都仍和张纯华的改革经验，研制出膜板结合式马头琴。琴体保持了传统外形，全长 128 厘米。在共鸣箱木制面板的中央开有椭圆形洞框，其上蒙以蟒皮为膜面，琴箱内支有音柱，尝试着为马头琴增设了弧面指板，改两弦为三条金属弦。按四、五度关系定弦为 A、d、a，音域 A—c^2。采用压弦奏法。经哲里木盟（今通辽市）歌舞团试用，音响效果良好。既可演奏缓慢悠扬的曲调，也可演奏快速活泼的旋律。它不仅保持了皮膜发音的特点，还发挥了木质面板的作用，消除了皮膜产生的杂音，使音量明显增大，音色优美而刚健。

20 世纪 60 年代后，在经历了蟒皮皮面—蟒皮叠加木板的膜板的材料研制后，在北京乐器厂大提琴制作工艺的影响下，开始了马头琴的木板面板研制。关于这段经历的具体过程，在《蒙古族传统乐器》中有详细的记载：

1963 年，马头琴演奏家桑都仍与北京乐器厂大提琴制作师周建雄合作，在传统大马头琴的基础上，参照现代提琴的结构和形式，改革制成木面中马头琴和大马头琴，相当于西洋拉弦乐器中的大提琴和低音提琴。

① 布仁白乙、乐声：《蒙古族传统乐器》，内蒙古大学出版社 2007 年版，第 100 页。

这两种木面马头琴，因设计上过于追求提琴面板那样的弧度，而没有全面考虑马头琴的构造，致使音色浑厚不足、过于单薄，虽然也曾有人使用，但未能推广和普及。①

木面马头琴的改革始于 20 世纪 60 年代初，其目的是为交响乐队中的提琴乐手提供一种他们可以演奏的民族乐器。在木面马头琴的研发过程中，最初主要是针对相当于西洋乐器中的大提琴和低音提琴的乐器形制改革。其中最重要的一点是，这种木面马头琴在乐器形制上虽然面板材料为木板，但其他形制完全是模仿提琴的，如琴弦为钢弦，演奏时将琴弦按在指板上，等等，其本质上已经与传统马头琴大相径庭了。

（三）琴弦材料

传统马头琴的琴弦是用百十根马鬃尾毛缕成的两束弦，在民间还有关于马头琴琴弦的各种传说，其中就有一种：说马头琴的琴弦，粗弦由 150 根马鬃尾组成，细弦由 120 根马鬃尾组成，弓毛由 90 根马鬃尾组成，全部加起来正好是 360 根，代表着一个圆周。

20 世纪 50 年代初，马头琴迎来乐器改革与材料创新，在进行了多次的马头琴面板的改革研制之后，张纯华同桑都仍一起带着改革的马头琴远赴北京，找到当时中国最权威的声学专家王湘对改革研制的马头琴进行声学测量，判断改革研制是否取得了实质性的提高。王湘先生对他们改革研制的马头琴给予了充分的肯定，但认为它依然存在很大的"杂音"。这个声音来自马头琴的琴弦。马尾本身就存在粗细不均、头尾不匀的情况，使得整条琴弦中马尾的拉力不均，从而使振动频率不同而产生杂音。王湘先生又为两人提供了一条非常重要的线索：王湘先生的一个朋友，曾经从德国带回来一卷"玻璃丝"（又称尼龙丝），也许这种材料适合用来替换马尾丝弦。当听到这个消息后，张纯华先生连夜奔赴广州市，找到了这卷"玻璃丝"。用它来替换下马尾弦后，马头琴的音色马上有了很大的改观，不但解决了杂音的问题，还解决了马尾弦长度不够，需要续接才能使用的难题。

由于尼龙丝本身韧性和抗拉强度都远远超过了马尾弦，用尼龙丝替换马尾弦作为马头琴的琴弦材料，不仅消除杂音和解决琴弦长度的问题，使得马头琴定弦音高有了多种可能性的选择，也为确立现代马头琴的定弦标准奠定了客观基础。

第三节　马头琴部件的改革与创新

一、弦轴

传统马头琴的弦轴样式，承袭着元代胡琴的外形样式，以木制，左右各一，插入琴头部位以固定琴弦。关于弦轴的样式，在清代文献《钦定大清会典图》中"奚琴"一词下记载有："以两轴缩之，左右各一，长四寸零四厘。"

这种弦轴样式，最主要的特点就是制作和装卸琴弦的方便快捷。但其缺点就是定弦时无法调整细小的差距，定弦高度受到一定的限制。张纯华先生在修理过程中受到吉他机械弦轴的启发，准备为马头琴也配上这种机械弦轴，于是张纯华先生找到北京的一个机械制造厂，为马头琴定制了第一批机械弦轴。

马头琴机械弦轴的使用，不仅使马头琴定弦的精度和速度大大提高，更为以后马头琴演奏的群体化、定弦的标准化和教学的普及化创造了客观基础。

二、琴箱内部结构

传统马头琴的琴箱，即共鸣箱，没有任何内部结构可言。现代马头琴共鸣箱内部结构，是当时的马头琴制作与改革者们受西方提琴制作理念影响而移植、创造的结果。

随着马头琴面板材料的不断改革和研制，无论是皮面、膜面还是木板面，如此之大的面板面积，无法承受琴弦通过小小的琴码给予的压力，使得这时的马头琴不是因为压力太大而面板塌陷，就是无法发出声音。在这种情况下，马头琴制作师和研究者们想到了借用西方提琴制作的理念，首先为马头琴安上音柱，在琴箱内将下琴码顶住，并使音量有所增大。

音柱安装于马头琴共鸣箱内部高音弦方向的琴码下方，顶住琴码，不但可以将来自琴码的压力传导给背板，同时也将来自琴码的振动传导给背板，使共鸣箱内部全部参与振动，加大了共鸣箱的音量。

音梁安装于马头琴共鸣箱内部低音弦方向的琴码下方，粘于面板内侧。由于低音弦压力相对较低，无法使面板全部参与振动，音梁的作用就是帮助其完成震动，加大音量。关于这段历史，布林老人在一次学术讲座上这样回忆说：

当时（20世纪60年代初）在马头琴的皮面下面安上音柱之前，马头琴皮面下陷的问题一直没有解决，直到桑都仍老师和张纯华师傅为马头琴安上音格，这个问题才得到一定的解决。而音梁的研制却是经过了很长一段时间的摸索才成功的。刚开始时的音梁是用竹片做的，而且是与琴箱上下通的，当皮面受潮后，皮子向下陷、竹子向上拱，整个凹凸不平，所以音色根本没法保证。后来有一次不小心齐·宝力高的马头琴音梁断了，而音色反而更好听了，所以就开始将音梁做成悬着的，而不是两头通的。

做成悬着的之后，由于竹片太轻不起作用，所以开始学着小提琴音梁的样子，做成类似三角形的样子，贴在皮面里，这时已经是20世纪70年代以后的事了。

从以上的回忆中可以得出：首先，对马头琴琴箱内音柱和音梁等结构部件的使用，最初目的是出于实际作用的考虑，如解决皮面下陷问题等；其次，对于音柱和音梁的制作材料和工艺，是在不断摸索和实践当中总结的，而非直接模仿和移植提琴类乐器的方法。

马头琴琴箱内部结构中，加入音柱和音梁，不是对西方提琴制作方法的简单模仿和移植，而是在马头琴制作和改革过程中，第一次将振动、传导和共鸣等声学原理作为改革制作的依据，使马头琴改革和创新有了更加明确的方向和目标。

三、琴弓

马头琴的琴弓形状经历由棒擦到马尾琴弓的转变过程，可以视为是一次质的飞跃，但是自从马尾琴弓出现以后的近千年，其形制特征没有再发生过太大的改变。古代文献中对于琴弓形制的描写往往一笔带过，如《元史》中记载的"……弓之弦以马尾……"，清代文献《钦定大清会典图》中记载的"以直木长二尺六寸一分九厘，系马尾轧之"，等等。以上记载都表明，马头琴琴弓的形态一直以来保持着相对稳定的演变态势。

内蒙古自治区成立以来，经过马头琴演奏家们在马头琴演奏法方面的继承和发展，特别是在马头琴弓法演奏方面引入了大量的其他乐器如提琴、二胡等弓法特点后，强烈地促使着马头琴琴弓进行改革。

传统马头琴的琴弓与其他潮尔类乐器的琴弓一样，都是用简单的竹条或木条系住一束马尾构成。演奏时用虎口顶住一端，将食指、中指、无名指和小指握住弓毛，由这四根手指来控制弓毛的松紧来进行演奏。

这种琴弓造型和握弓方法，在演奏慢速或中速的乐曲时十分合适，但是如果要演奏如跳弓、快分弓、连跳弓等从其他乐器弓法中借鉴来的弓法时，就显得心有余而力不足了。为了适应这些演奏要求，呼和浩特市民族乐器厂的张纯华先生和呼伦贝尔歌舞团的巴依尔开始分别对马头琴的琴弓进行了一系列的改革。

要想演奏跳弓、连跳弓等弓法，首先要求琴弓要有一定的弹性，于是张纯华先生选择了将琴杆的弯度模仿提琴的琴弓弯度，由向外弯曲变成了向内弯曲，极大地增加了琴弓的弹性和可操纵性。而弓柄的增加可以称为琴弓改革的里程碑，只是这一时期的弓柄依然保留着传统马头琴握弓方式的因素，在此基础上进行了多种的试验和改革，先后试制出了两种弓柄。其中一种是弓柄后方有一小缺口，将虎口放入后拇指控制弓柄，其他四指按住弓毛。弓毛穿过弓柄后在弓尖处由一块方形铝块同弓杆相连；再有一种是将弓柄直接做成握柄式，用铁条将弓毛固定于弓柄，弓毛穿过弓柄后在弓尖处由一块方形铝块同弓杆相连。

1956 年，著名马头琴演奏家巴依拉先生用一块钢琴的木板，在哈尔滨乐器厂制作成功了第一把现代马头琴琴弓。笔者在布林先生处见到了这段历史物证。该琴弓外观已与现代马头琴琴弓基本相同，琴弓由弓杆、弓柄、弓毛和螺丝轴构成，全长 70 厘米，弓毛从弓柄处穿出后，在弓尖位置平整嵌入，弓柄呈方形，手握处圆润。整体感觉除比现代马头琴琴弓稍重外，其他方面基本相同。

马头琴琴弓的改革研制成功，对马头琴演奏法方面的改革和突破，产生了重大的影响。琴弓的改革研制成功，标志着马头琴演奏法的改革和提高进入了高速发展期。在此之后，这一时期的马头琴演奏家们在借鉴其他乐器的弓法演奏特点的基础上，积极地进行马头琴乐曲的创作和演奏，通过在新的作品中尝试新的演奏弓法，不断地完善着马头琴的演奏体系，最终确立了现代马头琴的演奏体系。

第四节 多种型号马头琴的研制

针对多种型号马头琴的研制，从马头琴改革的伊始便开始了探索的步伐。传统的反四度马头琴的定弦比较低沉，对其进行改革后，在原来定弦高度上提高了四度，从小字组的 e 和 a 提高为小字组的 a 和小字一组的 d，当时习惯于将这种琴称之为"高音马头琴"。

1958 年到 1961 年间，内蒙古歌舞团马头琴演奏家桑都仍与呼和浩特市民族乐器厂乐器制作技师张纯华等人合作，对传统马头琴进行改革。他们首先从拉弦乐器的共性出发，对共鸣箱、琴弦和琴弓等部件进行了多方面的试验研究。琴箱的蒙面试验过蒙羊皮、牛皮、驴皮、马皮、蟒皮和薄木板等质料，琴弦试用过马尾弦、金属弦和尼龙弦等质料。最后改革制成全长 86 厘米，共鸣箱适当扩大，箱内设有音梁和音柱，选用透明牛皮蒙面，张以两束尼龙丝弦。琴的音量较大，反四度定弦为 a^1、a，音域 a—a^3。它既保持了传统马头琴原有的柔和、深厚的音色，又增加了清晰、明亮的特点。当时将其称之为"高音马头琴"。

该琴研制成功后，1965 年，这项成果经中国音协、中央民族乐团等有关方面专家学者的鉴定，得到一致的肯定和好评，并被指出尚存不足之处，如反应不够灵敏、发音不够清晰、杂音明显等。这种马头琴乐器形制和定弦等方面的确定，使马头琴演奏艺术向专业化方面迈出了决定性的一步。

　　在对反四度定弦马头琴进行研制的同时，为了能够解决民族乐队中低音乐器不足的难题，开始以传统马头琴为原型，试制低音马头琴作为民族乐队中的低音声部乐器，并称之为"大马头琴"或"低音马头琴"。

　　如 1956 年起，中国广播民族乐团开始试制以马头琴为原型的低音马头琴，在主要研制人员黄玉麟等人的努力下，不久之后，第一代马头琴造型的低音弓弦乐器出现了。它有一个梯形的共鸣箱（用桐木做面板和背板），设三条弦，弓子解放于弦外。这种琴当时共制作了大小三把，分别称名为"小马头琴"、"大马头琴"和"低音马头琴"。当时在这三把琴中，由于"小马头琴"在乐队不能与其他乐器融洽而遭淘汰，而"大马头琴"和"低音马头琴"在乐队中一直使用至 1962 年，此间琴弦从三条增加到了四条。1963 年，马头琴演奏家桑都仍与北京乐器厂大提琴制作师周建雄合作，在传统大马头琴的基础上，参照现代提琴的结构和形式，改革制成木面中马头琴和大马头琴，相当于西洋拉弦乐器中的大提琴和低音提琴。

　　共鸣箱呈正梯形，正、背两面都不蒙皮膜而蒙以薄木板，完全和提琴用材一样，面板使用鱼鳞云杉、背板用色木。在面板的边缘，用黑白相间的细木条镶嵌出各种图案或纹饰，在面板和侧板上，开列有对称的音孔，都富有蒙古民族色彩。琴杆正面设置有按弦指板，张有四条金属琴弦，分别采用大提琴弓和低音提琴弓。其演奏姿势、方法和定弦，均与大提琴和低音提琴相同。这两种低音马头琴，因在设计上过于追求提琴面板那样的弧度，而没有全面考虑马头琴的构造，致使音色浑厚不足、过于单薄，虽然也曾有人使用，但未能推广和普及。对于民族低音乐器的改革，要将民族乐器的形象和音色特征保留和发扬，不可以一味模仿和照搬西洋乐器，这应是民族乐器研发和制作要坚守的底线。

第五章
马头琴制作技艺
的传承与发展

　　2006 年 5 月 20 日，马头琴音乐经国务院批准列入第一批国家级非物质文化遗产名录。2011 年，马头琴制作技艺入选国家级非物质文化遗产名录，另外也有马头琴制作的非遗传承人相继入选省级、盟市、旗县各级非遗名录。马头琴诞生于民族交流交往交融，见证了中华各民族古往今来交流融合的历程，是名副其实的中华民族文化符号。《中华人民共和国国民经济和社会发展第十三个五年规划纲要》中提出"振兴传统工艺"，并制定实施"中国传统工艺振兴计划"的具体任务。2017 年 3 月 12 日，为贯彻落实党中央、国务院的战略部署，文化部、工业和信息化部、财政部制定并发布了《中国传统工艺振兴计划》。

　　传统工艺作为中华优秀传统文化的重要组成部分，蕴含着中华民族文化基因，体现着中国各族人民的精神、审美、文化和道德规范，既是中华文化多样性和创造力的鲜活体现，也是中华文明与世界其他文明交流对话的重要资源。马头琴制作技艺的保护与传承工作在国家和社会各界的关注中有了很多探索与尝试，在当代语境下，数字化发展能有效地缓解马头琴制作中传承与创新之间的矛盾，是对马头琴制作技艺传承与保护的新路径。数字化传承是指运用数字化技术将技艺记录、存储、确权的新形态，本章试图为马头琴提供数字化保护路径的案例。

第一节　马头琴制作技艺保护与传承现状

《中共中央关于制定国民经济和社会发展第十四个五年规划和二〇三五年远景目标的建议》中提出"加强各民族优秀传统手工艺保护和传承"。文化和旅游部印发的《"十四五"文化和旅游发展规划》中指出："传统工艺高质量发展：在传统工艺项目集中的地区建设传统工艺工作站，建设国家级非物质文化遗产生产性保护示范基地，培育有民族特色的传统工艺知名品牌。"

内蒙古自治区成立后，涌现出一大批大师如色拉西、桑杜仍、张纯华等，为古老马头琴艺术作出了大量贡献。进入 21 世纪后，2005 年"蒙古族马头琴音乐"成功申报非遗，使对马头琴艺术的保护和挖掘工作进入了快车道。保护经费逐年增加、保护力度逐步加大，专家们在开展传承活动、抢救性记录和保存、理论及技艺研究、展示推广、调查研究、出版发行等方面都取得了显著的成绩。马头琴制作技艺先后被评为旗县、盟市、省级乃至国家级非物质文化遗产，马头琴制作技艺的保护与传承工作得到了政府和社会各界所关注。各级政府及相关部门都为传承人提供了政策支持及资金帮助。

一、马头琴制作技艺的保护现状

（一）相关政策的出台

联合国教科文组织第 32 届大会通过的《保护非物质文化遗产公约》从国际层面分七个部分详尽阐述了对非物质文化的保护；《中华人民共和国非物质文化遗产法》于 2011 年 6 月 1 日起开始执行，是为了继承和弘扬中华民族优秀传统文化，促进社会主义精神文明建设，加强非物质文化遗产保护、保存工作而制定的；《内蒙古自治区非物质文化遗产保护条例》于 2017 年 7 月 1

日起开始实施，根据《中华人民共和国非物质文化遗产法》和国家有关法律、法规，结合内蒙古自治区实际制定……相关政策的出台对加强对传统工艺的传承保护和开发创新，全面提高传统工艺产品的整体品质和市场竞争力，开展非物质文化遗产的新材料、新工艺、新形式、新利用研究有至关重要的作用。持续推动非遗融入现代生活，才能不断增强人民群众的参与感、获得感、认同感。

（二）传承体系逐步完善

首先，对国家级传承人进行认定。2012 年 12 月，文化部把哈达认定为第四批国家级非物质文化遗产项目民族乐器制作技艺（蒙古族拉弦乐器制作技艺）代表性传承人，他有自己的车间、工人和学生。其次，对内蒙古自治区级传承人进行认定。2008 年 10 月，内蒙古兴安盟科尔沁右翼中旗胡庆海、哈达两位制琴人被认定为内蒙古自治区第一批非物质文化遗产名录蒙古族拉弦乐器制作工艺代表性传承人；2012 年 12 月，内蒙古兴安盟科尔沁右翼中旗吐门乌力吉被认定为内蒙古自治区第三批非物质文化遗产名录蒙古族拉弦乐器制作工艺代表性传承人；2014 年 8 月，内蒙古阿拉善盟巴彦岱被认定为内蒙古自治区第四批非物质文化遗产名录蒙古族拉弦乐器制作工艺代表性传承人。最后，对于市级传承人及民间手工作坊的匠人，地方政府给予如免费提供工厂用地等优惠政策。这些基础性工作是马头琴制作技艺的数字化发展中重要的文化资源库，为建设中国文化遗产标本库、中华民族文化基因库、中华文化素材库提供内容来源。

（三）传承人保护

对传承人建立档案：一是制作技师档案，建立章节清晰的制作技师档案。二是演奏艺人档案，全面深入地调查马头琴演奏艺人现状，为今后保护工作奠定基础。三是曲谱档案，收集整理马头琴曲谱、教材。

（四）文化保护

"民间工艺品大都与民间传说和民俗相关，表现内容和手法与生产生活、传统节日、传统宗教和民俗活动密切相关。"在传统马头琴的制作过程中也同样存在很多传说、民俗和禁忌。如传统马头琴制作要选择良辰吉时、选用山阴面自然干燥的木料并敬献鲜奶和哈达后才能砍伐；琴头雕刻时要虔诚地祈祷，同时要向背负珍宝的神马、幸福安康的八骏马进行祈祷，这样才能雕刻出活灵活现的马头；因为琴头是宝中珍宝，所以雕刻完成之后要敬献哈达……

随着机械化生产逐渐取代传统手工制作，很多相关习俗都面临失传。如今不仅在内蒙古地区，在蒙古族聚居的其他省份，马头琴的制作技艺也被重视起来，如吉林省第二批省级非物质文化遗产名录收录了"马头琴制作技艺"。各类马头琴制作技艺的培训、展览等活动逐渐增多。2016 年由文化部主办，内蒙古自治区文化厅、内蒙古农业大学共同承办的中国非物质文化遗产传承人群研修研习培训计划——"蒙古族拉弦乐器制作技艺"项目培训班正式开班。来自内蒙古自治区各盟市的 30 余名拉弦乐器制作人参与了此次培训活动，培训班为期 20 天，主要包括专家学者讲述文化理论、传承人分享与传授经验、制作匠人具体指导制作三个部分内容，对于丰富蒙古族弓弦乐器制作人的理论修养水平、提高制作技艺水平具有积极作用。

二、马头琴制作技艺的数字化采集与保存

21 世纪以来，许多专家学者从技术史的角度对马头琴制作技

艺进行了系统的调查、记录和专题研究，以文字、录音、视频等形式记录和保存马头琴整个制作过程，这方面的"资料性保护"对于马头琴制作技艺的传承与保护是基础性工作，为后续保护工作提供了资料支撑。

马头琴制作技艺数字化影像记录主要通过田野调查、走访制作人生活实地、拍摄纪录片或微电影等方式，如CCTV（中国中央电视台）科教频道的《探索·发现》拍摄的《马头琴制作技艺》，上海电视艺术家协会主办的短视频大赛获奖作品《守艺·马头琴制作》，澎湃视频《非遗传承马头琴·化平凡为神奇》纪录片等。另有少量对非遗传承人的专访纪录片，如入选国家级非遗马头琴制作技艺省级代表性传承人巴彦岱、白苏古郎、"北疆工匠"乌力吉等大师的专访视频等。现有的马头琴制作影像中，马头琴制作场景、马头琴技艺和流程专题较多，对马头琴本身的操作技术细节的拍摄很少，应更关注工艺与传承人的记录，可注重影像中拍摄的叙事语言、叙事视角、叙事结构、历史传承与保护价值。

马头琴制作数据库主要对马头琴形制、马头琴制作工艺、制作人技术展示、制作人口述等内容进行数字化存储。当前，马头琴制作技艺数据库建立速度缓慢，相关的数据库仅在一些独立学者的研究中有体现，较难实现系统化统筹与资源共享。大数据时代，应通过数据资源的整合，建构马头琴技艺传承脉络，实现传承制作技艺的目的。

三、马头琴制作技艺传承与振兴存在的问题

（一）传承主体出现断层

非物质文化遗产的保护首要是对人的保护，随着时代的变化，如今由于经济、文化等各种原因，传承人断层问题日益严

重，很多非遗技术处于失传的状态。例如，培训经费有限，很多活动无法正常开展，有些农村地区很多传承人年事已高且人数极少，传承人在非遗保护过程中日益缺少参与性与主体性，文化自觉意识逐渐缺失。

传承人数量日益减少，使得马头琴制作技艺这项非物质文化遗产变得更加式微，分析其原因，在于整个时代背景。在地球村统一发展的今天，多样化发展是世界文化演变的方式，经济的影响无孔不入。现在的年轻人习惯了城市的生活方式、行为习惯，他们的身份意识在外来新思想的冲击下日益淡化，对非遗的接受意愿慢慢在降低。

（二）传承载体使用成本高

在现代社会中，传承载体类型很多，根据媒介工具的不同，可以分为广播电视、互联网、移动平台、报纸等。人们越充分发挥传承载体的作用，文化传播中可利用的路径就越广泛，非遗就越容易在社会中传播流传。很长一段时间，非遗保护利用"互联网 + 大数据"等载体有一些成效，但是出现了数据采集成本高、共享和重复利用难、知识产权侵权等问题。

马头琴制作技艺的传承需要重视发挥传承媒介环境的作用，这是一种社会中无形的教育力量，但是现实并不乐观。目前非遗的宣传模式单一，大多数是地方政府主导民间组织发起的线下活动，如一些节庆节日的表演活动，线上推广比较少。

（三）保护经费投入有限

在当前经济迅速发展的时代，国家对非遗的重视达到了一个新的高度，保护非遗的经费有所增加，但是投入依然不足。中国农村各个地方的经济本身没有城市发达，由政府财政拨款用于非遗保护的资金数量并不多。而且很长一段时间社会资本参与马头琴产业开发的意愿不够高，对马头琴制作技艺的开发利用严重不足。

非遗是以人为主体的特殊遗产，高校及民间的非遗研究和保护者用于调查的经费严重不足，乡镇地区负责马头琴制作技艺保护的专业技术人员缺乏，设备落后，研究视角比较狭窄，方法措施不够多样化。

第二节　马头琴制作技艺的数字化转型

近年来，随着新一轮科技革命的发展，我国已逐步进入数字经济时代。党的十八大以来，中国共产党坚持"实施网络强国和国家大数据战略"，坚持让新历史条件下的互联网、大数据、人工智能等技术造福人民。在这一背景下，全面提升马头琴制作技艺资源的保护、利用和传承水平，推动马头琴制作技艺实现数字化转型与创新发展势不可挡。

一、梳理马头琴制作技艺内核，形成关联数据

文化大数据是在历史积淀中挖掘出中华民族宝贵的文化资源，要依托信息与文献相关国际标准，在文化机构数据中心部署底层关联服务引擎和应用软件，按照"物理分布、逻辑关联"原则汇集数据资源。

提取马头琴制作技艺这一中华传统工艺标识，丰富中华民族文化基因的当代表达，增强五个认同。马头琴是中华弦鸣乐器中的弓拉弦鸣乐器，是乐器发展史中声学结构最为完整的"集大成者"，其内在学理在于声学，所以技艺研究要以五大声学结构即激励系统、弦鸣系统、传导系统、共鸣系统和调控装置为指引，

以音的和谐为导向，全面深入地梳理马头琴各个声学系统的要素，形成马头琴声学关联要素的知识图谱，并登记入库。

马头琴制作技艺的数据为新的生产要素，为马头琴产业发展带来了新生产力。数字技术加快了马头琴产品内容创新，不仅有助于马头琴生产效率提升，还增加了马头琴科技含量和附加值，使消费不再局限于对马头琴这一件物品的买卖。制作技艺关联数据的形成会突破马头琴交易时间和空间限制，也缩短了消费者信息搜寻时间，加快商品和服务交易速度，降低交易成本，提升循环利用率，从而提升了对于马头琴的消费交易效率，推动更大范围市场竞争效应形成，使马头琴走出内蒙古，迈向全中国，进入全世界，促进多层次、多渠道消费潜力释放。马头琴的加工生产也就能够使用人工智能按照提供数据进行操作，劳动力将被人工智能替代，马头琴的生产固定成本成为主要生产成本，随生产规模扩大生产边际成本趋向零成本，其零边际成本的特点优化了要素投入结构，从而提高了生产要素配置效率。

二、建立马头琴制作技艺资源库和一站式服务平台

按照国家文化大数据平台要求，对照中国文化遗产标本库、中华民族文化基因库、中华文化素材库中提供内容，建设马头琴文化资源库及一站式服务平台，将采集到的数据分类上传到平台，并使用 API（应用程序编程接口）接口进行对接，实时为文化资源交易做好准备，打通马头琴制作技艺交流的渠道，促进技艺和文化之间相互学习、交流，助力文化传承与发展。

马头琴一站式服务平台呈现出全空域、全流程、全场景、全解析和全价值五大特征。全空域指打破时间、空间，将马头琴制作技艺中所有要素都以数据形式连为一体；全流程指将关系到生产、生活流程中的每一个节点信息都以数据形式收集存储；全场

景指打通马头琴制作生产、生活场景，跨越行业界限，实现各行业之间的互动；全解析指借助信息收集处理能力、人工智能分析判断能力，通过数据采集、数据流转、数据交易等将马头琴制作技艺的数据价值化，产生对制作技艺的全新且清晰的认知、改变原有的行为参与技艺保护与传承和丰富技艺价值，平台搭载马头琴制作技艺关联数据，将各类关联资源虚拟集聚在一起，改变了传统的组织方式、生产要素、驱动力等，形成新型产业组织模式，加快马头琴生产制造企业数字化转型，重塑价值链；全价值指打破单一价值链，创造更庞大的马头琴价值矩阵。

平台要加快马头琴制作的资源积累，以极低的成本获取相关数据，将以往强依赖个人主观能动性、专业度以及敬业程度转变为自动化、智能化数据分析过程，从而使更多的新经济形态和新层次结构涌现出来，促进新的马头琴产业结构不断完善。同时又加快了马头琴加工制造的产业融合，形成囊括多种民族乐器关联产业（链），降低边际成本，投资溢出效益明显，形成乐器生产细分领域的关联产业矩阵。关联数据拓宽了范围经济传统边界，市场规模的扩大又带动生产规模扩大，实现了范围经济与规模经济相结合，从而加快形成乐器多元化的盈利模式。

数字经济时代，数字技术和数据要素逐渐成为驱动消费升级的新要素，随着数字技术的广泛应用，消费结构从传统农业经济和工业经济时代同质化的物质需求向数字经济时代个性化、多样化的精神需求转变，企业之间的联系变得更加紧密，共创细分领域新赛道，避免同质化竞争。数字经济出现之前，异地服务交易成本过高，生产性服务业的规模主要依赖于本地市场的需求，本地市场容量的大小决定了服务生产的多少，这导致生产性服务业范围太小，更难以形成规模经济。在数字经济时代，生产性服务业不再受困于本地市场，可以借助互联网企业向全国甚至全球供给服务，最终在需求拉动下实现现代生产性服务业扩张。改变传统的"生产—营销"的商业模式，变成以消费者的需求作为生产链起点的"需求—定制"模式。此时生产的产品也必然是从标准化变为个性化，充分满足不同投资者的差异化需求，减少了因市场盲目生产而导致资源大量浪费的情况。

三、鼓励、支持个人和机构注册登录

通过文化资源交易平台进行的文化资源授权交易，要面向广大个人和机构开放注册登录，支持个人用户、企事业单位、版权所有者、数字内容提供商等各类主体积极参与。个人用户可注册登录平台查阅数字版权信息、购买数字作品、享受数字服务等；企事业单位可在平台上发布数字作品、进行版权交易、开展数字营销等；版权所有者可登记的版权信息获得版权保护、进行版权交易等；数字内容提供商则能通过平台寻找合作伙伴、拓展商业机会、提升服务品质等。通过以上方式进一步促进数字版权交易的发展，加强版权保护，提高数字产业发展的质量和效益。

四、鼓励数据交易聚合应用

积极引导企业、创作者、文化机构等主体共同参与数字版权交易，在马头琴制作技艺数字化示范区搭建便捷高效的数字版权交易平台，促进数据资源的共享与交流。建设数字版权交易展示馆，线上资源展示和线下实体展览相结合，打造马头琴制作技艺数字化数字文化体验场所，吸引公众参与，积极宣传马头琴制作技艺数字化示范区的建设和发展成果，推动数字版权交易的深度发展，提升马头琴制作技艺数字化示范区的知名度和影响力。

五、鼓励马头琴制作技艺数字化资源"文化出海"

依托马头琴多维应用的草原音乐地理位置优势，鼓励文明交流互鉴，搭建马头琴制作技艺数字化互动交流平台。深化数字版权交易，推动马头琴制作技艺数字化这一文化产品"走出去"。增强国际竞争力，切实解决数字版权交易保护难、流通难、监管难等问题，激发创新活力，传播中华优秀乐器文化和音乐文明，提升国际影响力。

第三节　马头琴制作技艺数字化的应用新场景

一、发掘多种方式的数字化文化新体验

集全息呈现、数字孪生、多语言交互、高逼真、跨时空等新型体验技术，大力发展线上线下一体化、在线在场相结合的数字化文化新体验。马头琴制作技艺数字化的转型能够将传统的手工制作的马头琴作品快速地转化成可以批量生产的马头琴工业产品，缩短制作时间、提高生产效率。当前，已有学者验证了将传统手工制作的马头琴作品通过数字化方式处理后一键拆分，将不同系统对应结构分发至相应成熟的生产厂家，可以实现马头琴的批量化生产。由于批量生产的产品是在严格尺寸要求、选材测试的系列标准数据支持下的呈现，大批量的高水平工业生产能够解决市场现存马头琴质量、音色良莠不齐的问题。

二、多场景呈现，向新型文化消费方式拓展

将马头琴制作运用到"大屏"的数字电视播放、数字投影等场景，以马头琴制作技艺内容提升高新视听文化数字内容的供给，增强用户视听体验和视听效果，让受众实现轻松在"客厅消

费"、在亲子娱乐互动时消费等新型文化消费发展。同样，马头琴的制作也要为移动终端等"小屏"量身定制个性化多样性的文化数字内容，促进配合马头琴的音乐、课程、周边等产品的网络消费、定制消费等新型文化消费发展。推动"大屏""小屏"跨屏互动，融合发展。近年来，马头琴制作的课程和科普活动已经走进中小学与高校的课堂，随着互联网技术的发展与普及，线上教育的渗透率逐步上升，马头琴制作及演奏等相关内容也逐渐开始通过线上教育的形式，结合 AIGC（生成式人工智能）和数字人技术，让更多的学习者了解、认识、走进马头琴制作技艺，真正做到非遗的数字化保护。具体内容包括创建虚拟教室、虚拟实验室、虚拟校园、虚拟学社、虚拟图书馆等，为受众提供逼真的学习情境，创建一种基于网络环境下的交互式学习环境，使学习者通过虚拟现场活动，增强体验感与互动感。以慕课、翻转课堂等多种形式，线上进行《马头琴制作技艺》《马头琴的历史渊源》《马头琴的传说》等课程的教育，且通过线上教育，受众的地区、年龄分布、过程信息可被搜集统计。可用于进行普适性教育，达到马头琴制作技艺数字化保护的初步目的，增加马头琴工艺流程类的实践课程，满足对专门人才培养的目的。

三、充分利用好现有的公共文化设施

利用现有公共文化设施，推进马头琴制作技艺数字化文化体验，利用好中华文化数字化创新成果的展示空间。充分利用新时代文明实践中心、学校、公共图书馆、文化馆、博物馆、美术馆、影剧院、新华书店、农家书屋等文化教育设施，以及旅游服务场所、社区、购物中心、城市广场、商业街区、机场车站等公共场所，搭建马头琴数字化文化体验的线下场景。

随着数字化时代的发展，马头琴制作技艺这一非物质文化遗

产的保护与传承也迎来了新的机遇与挑战，如何立足新形势、直面新挑战、谋求新突破、实现新发展，是相关部门及人员的紧迫任务，唯有与时俱进、革故鼎新、百折不挠，方能勇立潮头、不断进步。在实际执行中，逻辑关联的声学结构要素是马头琴制作技艺数字化的关键内容，数据资源库和一站式服务平台建设为文化资源数字化存储、确权、授权、交易提供基础支撑，最后通过虚拟现实、区块链结合人工智能、数字人等技术，实现数字化全场景应用，如打造马头琴数字博物馆、马头琴数字教师、马头琴制作数字工厂等。执行期间谨记数字化保护传承原则、创新非物质文化遗产保护与传承手段等方面，致力于推进非物质文化遗产的数字化保护与传承。数字化转化使得马头琴制作技艺的传承有了新的发展方向，从科技赋能到经济赋能，核心是以人为本，保护好传承人，培养源源不断的新人才是关键，在此基础上，创立马头琴制作的数字化品牌，实现马头琴的集约化发展，把马头琴的文化优势转化为经济优势，让马头琴文化产业赋能乡村振兴。

图书：

1.［后晋］刘昫，等.旧唐书·音乐志［M］.北京：中华书局，1975.

2.［明］姚旅.露书［M］.刘彦捷，点校.福州：福建人民出版社，2008.

3.［清］永瑢，纪昀，等.四库全书［M］.台北：台湾商务印书馆，1986.

4.《中国音乐文物大系》总编辑部.中国音乐文物大系·河南卷［M］.郑州：大象出版社，1996.

5.《中国音乐文物大系》总编辑部.中国音乐文物大系·山西卷［M］.郑州：大象出版社，2000.

6.布仁白乙，乐声.蒙古族传统乐器［M］.呼和浩特：内蒙古大学出版社，2007.

7.陈岗龙.蒙古民间文学比较研究［M］.北京：北京大学出版社，2001.

8.戴念祖.中国音乐声学史［M］.北京：中国科学技术出版社，2018.

9.戴念祖.中国音乐声学史［M］.石家庄：河北教育出版社，

1994.

　　10. 高诱 . 战国策［M］. 北京：商务印书馆，1937.

　　11. 嘉兴市文物局 . 马家浜文化［M］. 杭州：浙江摄影出版社，2004.

　　12. 乐声 . 中华乐器大典［M］. 北京：文化艺术出版社，2015.

　　13. 李纯一 . 中国上古出土乐器综论［M］. 北京：文物出版社，1996.

　　14. 刘东升 . 中国乐器图鉴［M］. 济南：山东教育出版社，1992.

　　15. 莫尔吉胡 . 追寻胡笳的踪迹——蒙古音乐考察纪实文集［M］. 上海：上海音乐学院出版社，2007.

　　16. 项阳 . 中国弓弦乐器史［M］. 北京：国际文化出版公司，1999.

　　17. 杨荫浏 . 中国古代音乐史稿（下册）［M］. 北京：人民音乐出版社，2018.

　　18. 袁炳昌，毛继增 . 中国少数民族乐器志［M］. 北京：新世界出版社，1986.

　　19. 张学海 . 龙山文化［M］. 北京：文物出版社，2006.

　　20. 浙江省文物考古所，萧山博物馆 . 跨湖桥［M］. 北京：文物出版社，2004.

　　21. 中国艺术研究院音乐研究所 . 中国音乐文物大系·内蒙古卷［M］. 郑州：大象出版社，2007.

　　22. 汉斯·希克曼，等 . 上古时代的音乐［M］. 王昭仁，金经言，译 . 北京：文化艺术出版社，1989.

期刊：

1. 陈嘉祥. 对石固遗址出土的管形骨器的探讨［J］. 史前研究，1987（03）.

2. 杜亚雄. 中国乐器的分类［J］. 中国音乐，1987（2）.

3. 费玲伢. 新石器时代陶鼓的初步研究［J］. 考古学报，2009（3）.

4. 河南省文物研究所. 河南舞阳贾湖新石器时代遗址第二至六次发掘简报［J］. 文物，1989（1）.

5. 河南省文物研究所. 长葛石固遗址发掘报告［J］. 华夏考古，1987（1）.

6. 胡亮，石春轩子，樊凤龙. 继承与创新——马头琴与四胡乐器制作工艺创新研究［J］. 山东艺术学院学报，2018（3）.

7. 江苏省文化工作队. 江苏吴江梅堰新石器时代遗址［J］. 考古，1963（6）.

8. 宁安县文物管理所. 黑龙江宁安县东昇新石器时代遗址［J］. 考古，1977（03）.

9. 青海省文化考古队. 青海民和县阳山墓地发掘简报［J］. 考古，1984（5）.

10. 庆阳地区博物馆. 甘肃省阳坬遗址试掘简报［J］. 考古，1983（10）.

11. 苏赫巴鲁. 火不思——马头琴的始祖［J］. 乐器，1983（5）.

12. 王仲丙. 概述中国广播民族乐团对低音弓弦乐器的改革［J］. 乐器，1983（2/3）.

13. 赵建龙，张力华. 甘肃最早发现的陶鼓研究［J］. 丝绸之路，2003（1）.

14. 中国社会科学院考古所河南一队. 河南汝州中山寨遗址［J］. 考古学报，1991（1）.

天工

巧匠